軽石

海底火山からのメッセージ

加藤祐三［著］

八坂書房

まえがき

木が沈み石が浮く、とは理不尽なことの例えとして言われることがある。その沈むべき石の中で、水に浮くという変わり種が軽石である。風呂場で足の裏がふやけたころを見計らって、厚くなった皮を削るのに使う。でも、このことで軽石を連想する人は減っているのかもしれない。今は取っ手が付いて使いやすい専用のヤスリがスーパーマーケットなどに並んでいて、軽石は前ほどは見かけなくなっている。それでも、園芸好きの人ならよく知っている鹿沼土《かぬまつち》も軽石で、今も盛んに使われている。これは四万年以上前に群馬県の赤城火山が噴火して、北関東一帯に広く降り積もった軽石である。

軽石のことは浮石《ふせき》ということもあるが、最近はあまり使われなくなっている。ところが古文書を見ると浮石と出てくる。しかもこれに、「加留以之」（『倭名類聚抄《わみょうるいじゅしょう》』九三四年ごろ）あるいは「可留伊志」（『多識編』一六三〇年ごろ）、「カルイシ」（『本草綱目訳義《ほんぞうこうもくやくぎ》』一五九六年）などと読みがついている。つまり浮石と書いて「ふせき」とは読まず「かるいし」と読んでいたのである。『本草綱目訳義』には、表題で浮石としておきながら、文中で部分的に「軽キ石ナリ、故ニ軽《カル》石《イシ》ト云」と書いてある。しかしこれは例外的である。

でき方についての記述を見ると、「浮石は海辺にあり海水の泡が固まった」（『筑前国続風土記《ちくぜんのくにしょくふどき》』一七〇三年）とか、「潮の泡と細砂が固まった」（『大和本草《やまとほんぞう》』一七〇九年・『本草綱目訳義』）とある。このように、むかしの人は山ではなく海に漂着している穴だらけの軽石にまず気付き、そのでき方を考えたのであろう。ただ、文献によっては「伊豆大島や桜島が噴火したとき山の石が焼けて浮石になった。また、山中にも浮石が見つかることがある。だから、泡や砂が固まってできるとは限らない」（『本草綱目訳義』）とも述べている。現在、人造軽石は黒曜岩やガラスを焼いて作るので、一部正解というところである。

また、用途として、皮細工をするときに皮の汚れを擦ってきれいにする（『大和本草』『本草綱目訳義』）とあり、さらに『本草綱目訳義』には「足ノ垢ヲスルナリ」と、現在と同じ使用法が書かれている。さらに、「（人の言うことには）信州軽井沢ニ浮石多ク出ル。故ニカルイ沢ト云フ」（『採薬使記《さいやくしき》』一七五八年ごろ）との記述もある。これらはいずれも一七〇〇年代半ばまでの文献である。

軽石といっても全てのことについて書くと話が広くなりすぎてしまう。そこで、本書では海と何らかの関係がある軽石だけを取り上げることにする。

海で火山といえば海底火山であり、これが噴火してできた軽石が大海を漂流していく話がまず中心になる。漂流するうちに陸に打ち上げられる軽石もある。漂着した軽石があまりに大量であったために、海岸の景色を一変させてしまった事件もある。

新しいほうでは、今なお元気なお年寄りが子供のころに大きな軽石に乗って遊んだ、という大正時代の話から、大化の改新のころに打ち上げられたと思われる古いものまである。海岸に近い遺跡には、弥生時代の人も転がしたり触ったりしたかもしれない軽石が砂丘の中に埋まっていることもある。地震が頻発する中でその地域に漂着したので、その地震の原因は火山噴火ではないのかと疑われた軽石もある。中には、陸で噴火したのに、上空の風に飛ばされて海に落ち、漂流を始めた軽石もある。

また、海で噴火したものの特殊な事情で海面に浮上できず、そのまま暗い海底に留まる運命になってしまった軽石もある。その浮かばれない事情も見て欲しい。

いずれの場合も、軽石の話だけでなくそれを取り巻くいろいろなエピソードを組み入れながら物語を進めていく。そうした中で、全体としてなるべく肩のこらない科学読み物風に仕上げた。

本書は中高生にも読みやすいように専門用語の使用をなるべく少なくした。しかし、全く使わないわけにはいかないので、使用した用語については解説の章（3～5章）を設け、これ以外はその都度説明した。また、巻末には簡単な野外観察や室内実験の手ほどきもしてある。

本書を読んで、今まで海岸に行ったとき気にもとめなかった軽石に注意を払い、見つかった軽石に興味を感じてもらえるようになったらうれしい。

目次

1章　海岸に漂着した軽石

漂着軽石の発見

海岸に行くと砂浜に漂着した軽石が見つかることがある（写真1－1）。どの海岸にも、また、海岸のどこにでもある、というわけではない。軽石が見つかるのは、軽石と同じように水に浮くごみや木片が集まっている所、つまり、潮の干満のうちの最も高い部分である。

三〇年ほど前、沖縄に転勤して早速、あこがれの白い砂浜と青い海を間近で見ようと一家でドライブをした。那覇から西海岸を北上してしばらくすると、手の加わっていない林の向こうに白い砂浜ときれいな海が見えてきた。さいわい車を止められる場所があったので降りた。そこで、沖縄での最初の漂着軽石に出会った。

砂浜の最上部、林との境目付近に、枯れ草や木片と一緒に軽石がごっそりと集まっているところがある。少なくとも色の違う数種類がある。波を追いかけたりサンゴの欠片《かけら》を見付けて歓声を上げている家族を尻目に、早速採集にかかった。こういうものを見ると、つい商売気が出てしまう。

軽石は穴だらけ、つまり穴を囲む壁だけでできているので、摩擦に弱く、軽石同士が擦れ合うと簡単に削れて粉になり、すり減ってしまう。そのため採った軽石はティッシュペーパーを敷いた帽子に入れ、軽石の間にも何枚もティッシュペーパーを挟んで、静かに運んだ。軽石が採れるとは思っていなかったので準備がなく、応急の対応である。

さまざまな軽石

持ち帰った軽石を研究室で分類・整理する。形は全て角がとれて丸みがかっている。大きさは最大がこぶしくらいで、小さいものは小豆粒ほどまで。このうち卵大以上のものを採集した。これより小さいとその後の実験をするのに量が足りないからである。

写真1－1　沖縄本島東海岸大宜味村に漂着した軽石。木片などと一緒になっている。

色は白・灰色・黄色・オレンジ・黒とさまざまである。少数ながら黒みがかった銀色もある。また、同じ白でも色合いが微妙に違っているものがある。軽石特有の穴を見ると、一センチメートルほどのかなり大きいものから一ミリメートル未満の小さいものまである。穴の形は球形に近いものから細長いものまである。

また、平らで細長い穴が面状に並ぶものもある。さらに、灰色の軽石の中には、つぶしたときに硫化水素《りゅうかすいそ》の臭いがするグループも見つかった。ゆで卵に似たあの臭いである。困ったことに最近自殺に使われるのと同じガスでもある。硫化水素は微量のとき人間の嗅覚が敏感に感知できる。

軽石に含まれる量は極めてわずかなので、吸っても健康に問題はない。

ともかくも、こうした肉眼的な特徴をもとに、漂着軽石をいくつかのタイプに分類した。

写真１－２　1924年に噴火した西表海底火山の軽石。外側は薄汚れているが、中は白い。噴火当時、全国に漂着した。2章に詳しい。

写真１－３　漂流中にハナヤサイサンゴが付着した灰色軽石。福徳岡ノ場の1986年の噴火により噴出した。7章に詳しい。

2章　西表海底火山

突然の軽石浮上

一九二四（大正一三）年、沖縄県八重山《やえやま》諸島の西表《いりおもて》島北で、それまでその存在が知られていなかった海底火山が突然噴火した。あの関東大震災の翌年のことである。もし海底で溶岩が流れただけなら誰も噴火に気付かなかったはずである。それなのに噴火したことがわかったのは、大量の軽石が海面に浮き上がったからである。

今この噴火があれば、マスコミのヘリコプターが白い軽石の広がりを上空から撮影し、その後の様子まで報道するにちがいない。このときは地元八重山の新聞に載っただけで、あとはその報道を引用して紹介する小さな記事がほかの新聞に載った程度であった。

唯一の記録

偶然にも噴火の最中に近くを航行していた船があった。大阪商船株式会社の貨客船宮古《みやこ》丸がその船である。この船は那覇と台湾の基隆《キールン》の間を片道一週間で往復する定期船だった。宮古丸が噴火を目撃したのは基隆から那覇に向けて航行する途中でのことである。

基隆を出るとまず西表島の白浜港、当時の仲良《なから》港に寄港し、一九二四年一〇月三一日午前八時三〇分に石垣《いしがき》港に向けて出航した。その途中で西表島北、西表島と鳩間《はとま》島に挟まれる鳩間水道《はとますいどう》

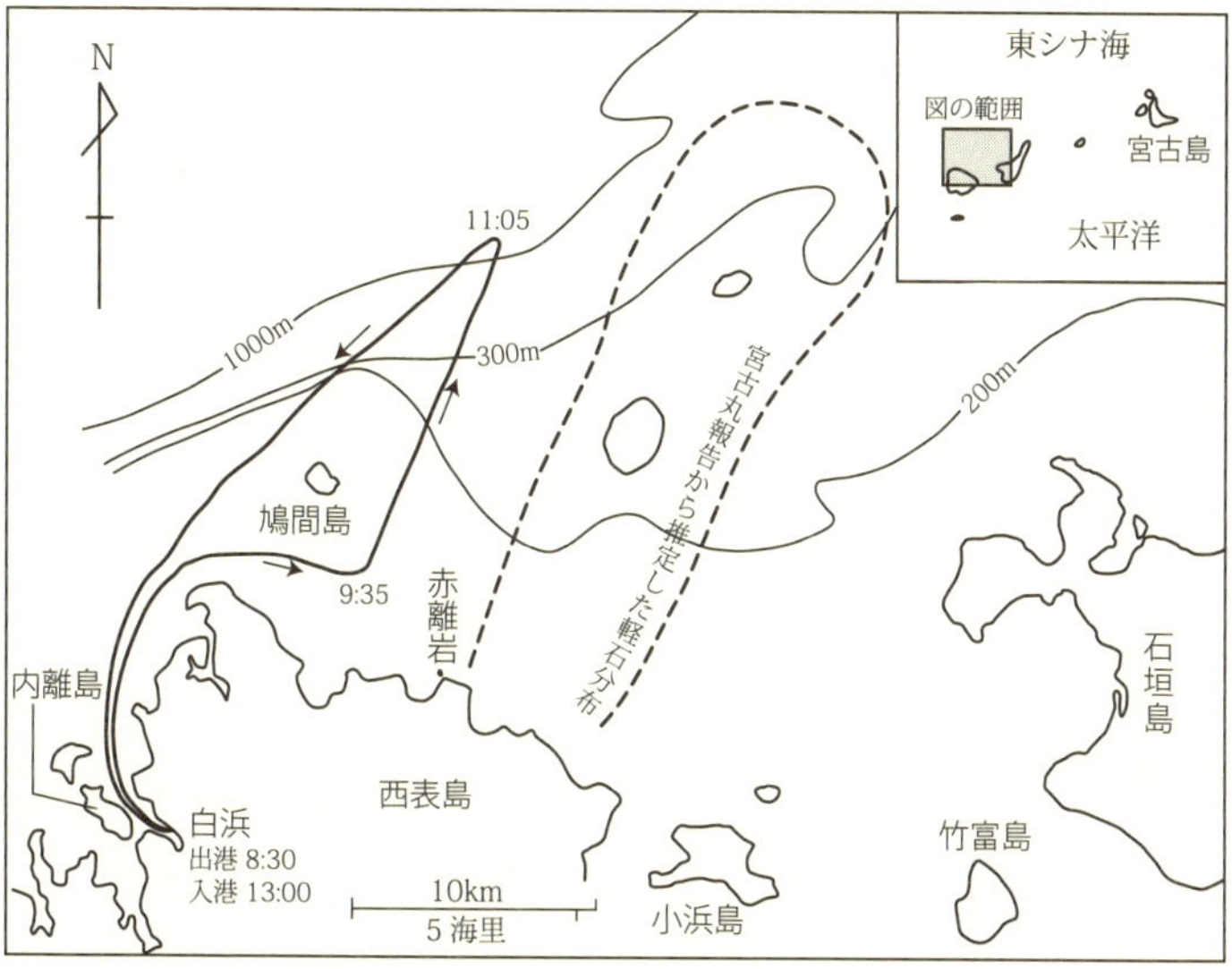

図2－1　宮古丸の推定航路と噴火当初の西表海底火山軽石の推定漂流範囲(2)。

を東に進むところで噴火真っ最中の海域にさしかかるのである（図2－1）。

宮古丸船長の加納直市がそのときの状況を記した報告書がある。これが噴火を記録した唯一の資料である。以下、加納船長の報告を見てみよう(1)。

海面上に飛び上がる軽石 ―― 加納船長の報告

一〇月三一日午前九時三五分鳩間水道を過ぎる。この前方五～六海里（九～一一キロメートル）で海水が著しく変色している。また、西表島の赤離岩《あかばなれいわ》あたりから沖合数海里にわたって、異様に凹凸のある柿色をした砂浜のような部分がある。自分はこんな現象は見たこともない。きっと海底で異状なことが起きているに違いないと考えて船を止め、周囲の状況を観察する。例の柿色の砂浜のような部分は幅三～四海里（五・五～七・四キロメートル）ある。その両側は波が立っているが、中央部分ではたくさんの軽石が沸騰しているように飛び上がっている。これは確かに海底火山噴火である。

石垣島に行くには通常の東進するコースは無理なので、針路を北北東に変え、火山と五海里（九キロメートル）の距離を取りながら進む。西表島からの距離約一〇海里（一八・五キロメートル）までは爆発音が聞こえていたが、水深一〇〇〇メートルほどになると爆発の勢いがどんどん激しくなり、あちこちで濁水の大噴水が上がり、爆発のたびに大小無数の軽石が飛び上がる。まことに壮観である。

北上するほど噴火が凄まじくなるのに加えて、天候が悪くなり北東の強風が吹いて波が高くなってきた。火山の上には乱雲が低く垂れ視界も怪しくなってきたので、火山の北を迂回して石垣島に行くことは危険と判断して戻ることにした。

午前一一時五分、朝出航した西表島の仲良港に針路をとり、午後一時〇分無事入港した。その後直ちに官庁各関係店船に、この状況を大略打電した。

ちなみに、その位置は西表島赤離岩（東経一二三度五二分、北緯二四度二四分）より磁方位北々東に延長約一二海里（二二キロメートル）で、その幅は不明。発見した年月日時刻は大正一三年一〇月三一日午前九時三五分。

報告の解説

この報告の原文は当時の一般的な表現に従った文語調である。それを口語調に改めると同時に、わかりやすいように一部加筆修正してある。赤離岩は西表島北岸の長さ一四〇メートル、高さ一一メートルの岩で、名前の通り赤味を帯びている（写真2－1）。海上から目立つので海図に載っている。砂浜のような部分とは、噴出した軽石が層をなして重なり中央付近で厚くなっている部分のことであろう。

写真2－1　西表島北岸の赤離岩。岩の右後方に鳩間島が見える。

沸騰しているように見えるのは、火口から軽石と同時に大量の火山ガスが噴出したことを示している。濁水の大噴水というのは、火山ガスの上昇で火口から噴出した火山灰や軽石の欠片が湧き上がり、水が濁っていたのであろう。

それにしても、宮古丸はある意味で幸運だった。噴火がすでに始まっていたから、火山に接近し過ることがなく、安全に火山噴火を観察できる距離をとることができた。航行中に突然真下で噴火が始まったら事故につながったかもしれない。

明神礁の噴火

ところで、海底火山の噴火による事故は実際に起こったことがある。

一九五二年九月一七日、伊豆《いず》諸島八丈《はちじょう》島南方、青ヶ《あおが》島南五五キロメートルのベヨネーズ列岩付近で火山噴火があり新島ができた、との通報が漁船から入った。海上保安庁の巡視船はこれを確認し、島の大きさは東西一〇〇メートル、南北一五〇メートル、高さ三〇メートルで噴火中。発見者である明神《みょうじん》丸の名を取って明神礁《みょうじんしょう》と命名、と発表した。これを受けて二一日朝、東京水産大学の練習船神鷹《しんよう》丸が研究者を乗せて調査に向かった。二三日現場海域に到着し、噴火の様子を観察・写真撮影をし、漂流している軽石を採集して帰路についた（写真2－2～2－7）。

ついで二三日朝、海上保安庁の調査船第五海洋丸が専門家を乗せて東京港を出たが、二〇時三〇分の連絡を最後に消息不明になってしまった。大がかりな捜索の結果、二七日ごろから軽石とともに破損した船体の破片が明神礁南南西の海域で次つぎと発見され、遭難が確認された。

収容された破片を調べると、ほとんどの木片に無数の小岩片が食い込んでいた。そしてそれが火山岩《かざんがん》であることから、火山爆発に遭ったことが明らかになった。

さらに、この岩片と神鷹丸が採集した軽石の化学分析を行った結果、両者は同源の岩石であることがわかり、遭難の原因が明神礁の噴火であることが明らかになった(3)。

総合的な調査の結果をまとめると、第五海洋丸は二四日昼過ぎ、目的海域に到着した。しかし、

写真２－２（上）　明神礁の噴火開始約３秒後。水柱が二方向に向かって勢いよく噴出している。高さ 290m、幅 320m。写真２－３（下）　噴火５秒後。水柱はさらに伸び、高さ 410m、幅 570m に達した。噴水の先端には軽石が見られる。このような形のものをコックステール形という。撮影・解説：小坂丈予氏。

写真２－４　明神礁の噴火８秒後、水柱の突出する力が衰え、落下し始めると同時に、海中からはぼう大な熱によって生じた水蒸気が入れ替わって放出され始めている。水煙の高さ430m、煙の幅870m。撮影・解説：小坂丈予氏。

爆発で頂部が失われたため島が海面から隠れてしまっていたらしい。

　付近を航行中に突然爆発的に噴火し、船の右舷側がほとんど破壊されて転覆沈没した。乗員は計三一名だった。また、船体の一部である堅い木材に突き刺さっていたのと同じ固さの岩片を銃につめて発射実験をしたところ、岩片は秒速二〇〇～三〇〇メートルの高速で衝突したことがわかった[4]。

　ピストルの弾が秒速三〇〇～四〇〇メートルというので、もし火山爆発のとき船の右舷甲板に人が立っていたら、その人は全身に被弾したのと同じことになったのであろう。火山爆発の凄さがわかる。

明神礁は明治年間からこの噴火の翌年にかけて、何回も海面上に頭を出し島をつくっている(5)。

　一方、西表海底火山では海面から噴出したのが軽石だけだったのは宮古丸にとって幸運だった。明神礁よりも水深がずっと深かったこともよかった。いずれにせよ船舶にとって海上での火山噴火には注意が必要である。

　明神礁の遭難にはおまけがついている。乗船予定者に遅刻した人がいたという。しかし調査船は定刻に出航した。そのため乗り遅れ、遠ざかっていく船を見ながら桟橋でじたんだ踏んで悔し

写真2－5（上）明神礁の噴火5時間後の同日午前11時ころ、海上保安庁501号機撮影。大きな軽石が一つひとつ見分けられる。大きなものは直径が4～5mもある。写真2－6（中）同日午後4時30分ころ、海上自衛隊が撮影した大きな軽石群。写真2－7（下）同。浮遊軽石の集合体。大きな塊は直径4～5m(6)。

がった人がいたという。この人は命拾いをしたことになる。私が聞いた噂話である。これが本当なら、人生何が起きるかわからないということになる。

噴火状況を打電

話を西表海底火山に戻す。

西表島の仲良港に入港すると、加納船長は直ちに関係箇所に概要を報告する電報を打った。その後に出した詳しい報告書の内容が上記の報告である。報告先は沖縄県庁、八重山島庁、那覇測候所、八重山測候所、神戸海洋気象台、そして大阪商船那覇支店である。

加納船長の電文と報告は石垣島の新聞である先嶋新聞と八重山新報で号外となった。八重山新報は電報をその日のうちに、先嶋新聞は報告書を翌一一月一日に、それぞれ号外として発行している。

八重山新報が噴火当日に発行し、一一月一一日号本紙に再録した号外には、以下の通り電文が掲載されている。

「宮古丸より入電（午後二時四〇分西表発）鳩間島付近目下海底大爆破中航海危険に付引返す。北緯二四度二四分、東経一二三度五一分、北々東約一二哩、延長幅不明　海水沸騰し濁り、付近一帯無数の軽石散乱す。一〇月三一日」。

このうち、経度一二三度五一分は五二分の、哩は浬の誤植である。なお浬は海里（一海里＝一・八五二キロメートル）と同じである。

当時は緊急の連絡には電報しか通信手段がなかった。電報は今では弔電と祝電だけになってしまったが、当時は重要な連絡方法だった。報告書は郵送によったに違いない。今はほとんどの人が携帯電話を持っているので、こうした状況は若い人にはピンと来ないかもしれない。今なら、船上から目の前に展開している噴火の様子を携帯電話で撮り、写メールで送るであろう。

西表島で石炭が採れた

ところで、宮古丸はなぜ台湾《たいわん》から直接石垣島に向かわずに、ほとんど人がいないはずの西表島仲良港に寄港したのだろうか。当時、この島にイリオモテヤマネコはいても今のような観光客はいない。寄港したのは、西表島北西部に西表炭坑があり石炭が採れたからである（写真2－8）。採掘した石炭は那覇まで運び燃料として使った。沖縄本島には当時石炭で走るＳＬ軽便鉄道があった。

写真2－8　西表島西、内離島にあるの炭坑跡の坑口。

日本の大部分の炭田は四〇〇〇万年ほど前の古《こ》

第三紀《だいさんき》（六六〇〇～二三〇〇万年前）であるが、この島にはそれより新しい約二〇〇〇万年前の新第三紀《しんだいさんき》（二三〇〇～二六〇〇万年前）の西表砂岩層があり、これに石炭層が挟まっていた。

今でもごく薄い石炭層はある。なお、外国の炭田の半分以上は三億年ほど前の古生代《こせいだい》（五億四〇〇〇～二億五〇〇〇万年前）である。

西表島の石炭層は厚さが一メートル以下しかなく、坑夫は横になって寝ながら掘った。二〇〇〇人以上いたという坑夫はほとんどが九州を中心とした本土出身者で、うまい話にだまされて連れて来られたという。賃金はそこでしか通用しない炭坑切符という名の商品券で支払われ、そのまま経営者に回収されてしまった。これは逃亡防止も狙った策でもある。

写真２－９　内離島西岸に残る炭坑施設跡。

坑夫は逃げられないように常時監視されており、脱出に失敗した者にはムチと棒によるリンチが待っており、そのまま死に至る者も少なくなかった。極めてまれに脱出できた人を除いて、ここで最期を迎えている。(7)「鬼界《きかい》が島《しま》」とか「鬼が島」と呼ばれた内離島《うちぱなり》（写真２－９）に現存している坑口に立つと、無念の死を迎えた人びとの恨みの想いが周りの岩に染みこんでいるように感じられる。

噴火で大きな地震はなかった

石垣島地方気象台で当時の地震観測簿を見せてもらった。記録を見ると一九二四年一〇月二七日と二八日に「人身の感覚」の項の「震度《しんど》」欄に「微」とある。つまり震度一の地震があった。しかし、その後は三〇日一六時〇〇分の地震の次は一一月二日二〇時二四分で、いずれも無感《むかん》地震である。つまり、噴火のあった一〇月三一日には、人体に感じる有感《ゆうかん》地震はおろか地震計だけに感じる無感地震も記録されていない。

ただし、火山から地震計のある測候所まで三〇キロメートル以上あり、当時設置されていたのは二〇倍簡易微動計だったので現在のものに比べて極めて感度が低く、少し小さな地震になると記録に残らなかったはずである。今の地震計なら、噴火にともなう火山性地震を噴火前から確実に記録していたはずである。ともかくも、噴火に伴って大きな地震がなかったことだけは確かである。

噴火後の八重山諸島の混乱

当時八重山にあった地方紙の八重山新報と先嶋《さきしま》新聞には、その後の関連記事が載っている。以下、その記事を見てみよう。なお、これらの新聞の発行回数は毎月三回であった。

八重山新報　（毎月三回）　（第百卅五號）

鳩間海底爆破詳報

宮古丸船長

汽船宮古丸は客月廿一日午前八時三十分西表仲良港を發し石垣港に航行中仝日午前九時卅五分西表島北端鳩間水道を航過せし際前面五、六哩海上に於て海水著しく變色し西表島陸岸赤離岩附近より沖合遙かに數哩に亘り異様なる延々起伏せる小丘柿色砂濱の如き境界線をなし奇異の現象を呈し居るを以て之れ確かに海底に異狀起りしものならんと思推し直に進航を止め四圍の狀況を觀測するに該柿色砂濱の如き部分其の巾目測約三四哩の兩側にて波浪を洗ふが如く見へたるも中央部に於て海水沸騰甚だしく數多の輕石浮揚せるに依り海

が[illegible]の後西表警部補派出所の報告に依れば鳩間島住民及其他に異狀なきこと判明せり
此段及報告候也

鳩間附近の海底爆發で
石垣島の騷ぎ
ユタの豫言に
迷はされて

鳩間近海の海底爆破が去る卅一日午後二時頃宮古丸の船長の電報に依りて報せらるや、本社は直ちに號外を發したるも岩崎測候所長の觀測にて本島に大した影響なきことを認めた。然るに兼てから愚民を喰物にしてゐたユタ某は、神の知らせであつたかの如く愚民を迷はし本夜三時津波の來襲《らいしふ》ありと豫言《よげん》したる爲め、それが口から口へと傳はり一般に動搖を極め、老

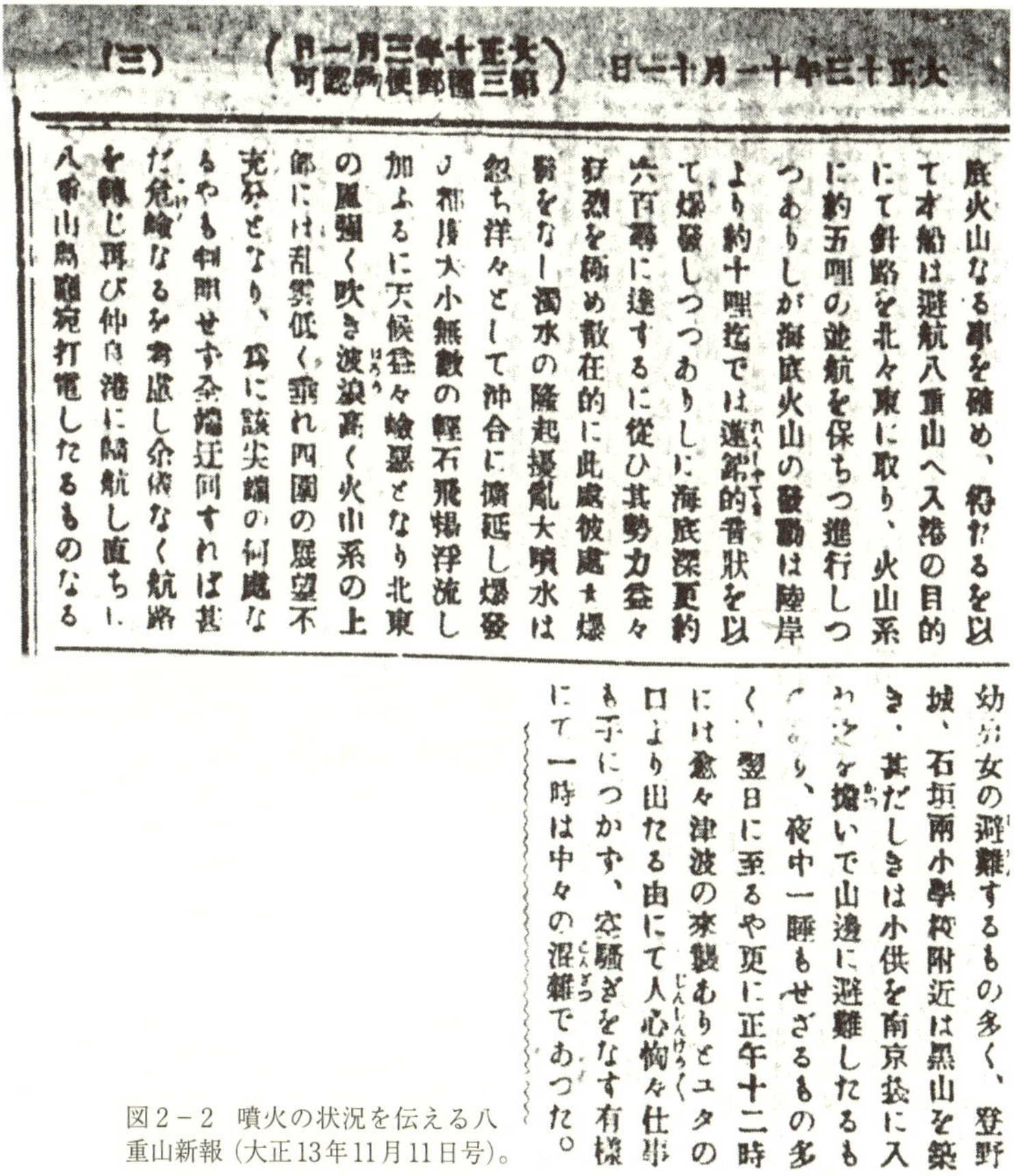

大正十三年十一月十一日　（大正十年三月一日第三種郵便物認可）　（三）

底火山なる事を確め、得たるを以て本船は避航八重山へ入港の目的にて針路を北々東に取り、火山系に約五哩の並航を保ちつ進行しつつありしが海底火山の發動は陸岸より約十哩迄では連鎖的香狀を以て爆發しつつありしに海底深更約六百尋に達するに從ひ其勢力益々猛烈を極め散在的に此處彼處と爆發をなし濁水の隆起擾亂大噴水は忽ち洋々として沖合に擴延し爆發り大小無數の輕石飛揚浮流し加ふるに天候益々險惡となり北東の風強く吹き波浪《はろう》高く火山系の上部には乱雲低く垂れ四圍の展望不充分となり、殊に該尖端の何處なるやも判明せず奈端廷回すれば甚だ危險なるを考慮し余儀なく航路を轉じ再び仲良港に歸航し直ちに八重山島廳宛打電したるものなる

幼男女の避難するもの多く、登野城、石垣兩小學校附近は黑山を築き・甚だしきは小供を南京袋に入れ之を擔《かつ》いで山邊に避難したるものあり、夜中一睡もせざるもの多く、翌日に至るや更に正午十二時には愈々津波の來襲ありとユタの口より出たる由にて人心恟々《じんしんけうく》仕事も手につかず、空騒ぎをなす有様にて一時は中々の混雜《こんざつ》であつた。

図2－2　噴火の状況を伝える八重山新報（大正13年11月11日号）。

八重山新報

三一日午後、日ごろから愚民を食い物にしていたユタが、神の知らせであるかのように愚民を迷わし、今夜三時に津波が来ると予言した。これが噂となって広がり、たくさんの人が登野城《とのしろ》・石垣両小学校に避難して大混乱となり、夜中一睡もしない人もあった。中には子供を南京袋に入れて山辺に逃げる人もあった。

翌日も、いよいよ正午に津波が来るというユタの話に仕事が手に付かない人がいた。とんだ空騒ぎだった。以上は八重山新報一一月一一日号の要旨である（図2－2）。

先嶋新聞

「海底爆発で海嘯《つなみ》が来たとて大狼狽」という見出しに続いてこう書いている。

一　老人とその孫が津波が来ると大騒ぎをして家の中を飛びまわっているうちに、老人が腰を抜かして動けなくなり、大変だと助けを求めて叫んだが、近所の人はすでに逃げて誰もいない。ワァワァと大声をあげて泣いているところに偶然左官が来た。地獄に仏と手を合わせて助けを乞われたので、左官は老人を背負い子供の手を引いて一生懸命逃げた。

二　気の早いアンマー《おばさん》が津波が来たといって尻までまくりあげ、大事な所をさらけ出して戻って来て位牌をもってまた逃げて行った。

三　衣類は勿論のこと畳まで高所に運び出したまではよかったが、大切な食料を忘れたので家に戻り、大鍋で芋をドシドシと煮て馬の背に積んで逃げたまではよかったが、いつまで待っても津波が来ない。芋は翌日豚の餌になった。

四　津波が来るというので家を閉め切って慌てて学校に逃げて行き、夜を明かした者が多かったので、学校は時ならぬ大繁昌をした。こうした騒ぎで裏通りは雑踏状態だった。

五　商店に幾人も慌ててろうそくを買いに来た。その顔色の剣幕が恐ろしく、目をすえ青ざめて早くはやくと焦りたてグズグズしていれば今にも飛びついて噛みつきそうな勢い。

以上は先嶋新聞一一月一五日号からである。こうした記事には誇張もありそうに思えるが、当時の混乱した状況は読み取れよう。また、現在なら決して使わない単語や表現が気楽に使われており、時代の差を感じる。

もっとも最近マスコミが表現に注意しているということであって、そんなに昔でもない筆者が高校生のころの新聞には「老婆が交通事故」などという表現がふつうだった。この表現も、今使ったら大変な騒ぎになるであろう。

目撃情報

当時小学校教員をしていた人からこういう話を聞いた。「雨の中を避難した人で登野城小学校の校内はゴッタかえしていた。無理に運び出した病人に亡くなる人があった。津波避難をせずに空き巣をはたらく者もあった」。加納船長の報告に「天候が悪くなり」とあるので、その後雨になったということであろう。

一九九五年の兵庫県南部地震でも、家が傾いて危険なために避難した留守宅に空き巣が入り、タンスから売り飛ばせそうなものを抜き取るという被害が報道されていた。いつの世にもこういう人間がいるものだ。

明和の津波

津波騒ぎが広がった背景には、有名な一七七一年の明和《めいわ》の津波の悲劇が伝承されていたことがある。西表海底火山噴火の一五三年前にあたる。この津波には八重山地震津波の別名があるように、八重山諸島と宮古諸島で計一万二〇〇〇人の死者が出た。

これは日本の自然災害史に残る有数の津波で、石垣島では死亡率が島民人口の半数に近く、全滅した村がいくつもあった。古文書には津波が這い上がった高さが約八五メートルとあるが、陸に打ち上げられた津波石《つなみいし》(写真2−10)の分布から三〇メートル余りと推定されている(8)。

写真２－10　石垣島南岸の宮良湾にある津波石。

八重山での軽石漂着状況

加納船長の報告に「北東の強風」とあるので、噴出した膨大な軽石は、この風で西表島に吹き寄せられたと思われる。その結果、西表島海岸の至る所に漂着し、特に北西海岸では渚から二〇メートル～一〇〇メートルも層をなしていた。これらの軽石がさらに広がっていったため、八重山諸島の各港湾では船舶の出入りに困難を感じたという[1]。鳩間島は西表島より火山に近いのだから、西表島よりも大量の軽石が漂着したはずだが、鳩間島については記述がない。島の人口が少なかったためであろう。

また、当時竹富島《たけとみ》にいた人の話。「西表島で採れた農作物を積んで船で戻る途中、小浜島《こはま》から竹富島にかけて軽石が充満して航行できず、やむなく小浜島に三日間滞在した。小浜島と竹富島の間は軽石の上を歩いて渡れそうなほどだった」。

さらなる聞き取り調査で私はこんな話も聞いた。

その一。当時小浜島にいた人の話。「軽石が一面に浮いている海を鳩間島から石垣島までカツオ船を走らせたら、スクリューの羽根が軽石に当たってひどく摩耗してしまった、と船長から聞いた」。船底ではゴトゴト、スクリューはカリカリと音がしたに違いない。

その二。当時石垣島の白良《しらら》小学校、今の白保《しらほ》小学校の教員だった人の話。「噴火何日後かは不明だが白保海岸では二〇ないし三〇メートル沖まで一面軽石だった。月夜に浜に出たとき、軽石を砂浜と見間違えて水に片足を突っ込んだことがある。軽石はぎっしり浮いてはいたが、重なり合ってはいなかったと思う」。

沖縄の海岸は砂が白く軽石も白いので、境界が見分けにくかったのだろう（写真2－11・2－12）。白保は火山から裏側に当たる東海岸なので、西海岸よりも軽石の量が少なかったと思われるが、それでもこれだけの軽石があったということである。

最大軽石の大きさ

西表島で長さ七～八尺（二一〇～二四〇センチメートル）、幅三～四尺（九〇～一二〇センチメートル）に達するものがあった。長さ四～五尺（一二〇～一五〇センチメートル）のものは珍しくなかった。西表島に漂着した軽石には畳一枚大のものがあった」(1)。

ここで簡単な計算をしてみよう。いまこの軽石を高さ七・五尺（二二七センチメートル）、底辺

写真２－11　西表海底火山の軽石。

写真２－12　西表海底火山の軽石の切断面。

が一辺三・五尺（一〇六センチメートル）の正四角柱とみなすと、体積は以下の通り計算できる。

七・五尺×三・五尺×三・五尺＝九二立方尺＝二・六立方メートル

一方、私が西表海底火山の軽石の比重を測定した結果、平均〇・三九となったので[9]、この軽石の重量は以下の通り。

二・六立方メートル×〇・三九＝約一・〇トン

この軽石全体を水に浸けたときに生ずる浮力も計算できる。

二・六トン－一・〇トン＝一・六トン

当時一四歳だった人の話では、「噴火後一か月を過ぎた一二月ごろ、伊野田海岸は野球のボールほどの丸い軽石で全面おおわれ、歩くのにひどく苦労した。歩くたびに軽石に足が二〇センチメートルほどめり込んだ。名蔵《なぐら》湾や川平《かびら》湾も軽石だらけだった」という。

また、同じ人が聞いた話として、「小浜島海岸には非常に大きな軽石があり、大人が二～三人乗ってもびくともしないものもあった」という(10)。

上記のように、最大軽石のもつ浮力は一・六トンであり、この小浜島の軽石がその半分の大きさだとしても、数人の大人が乗って沈む心配はない。

漂着軽石について、ほかにも私はこんな話を聞いた。

当時七歳だった人の話。「西表島祖納《そない》の海岸で浮いている軽石に二〜三人で乗って押し合いをして遊んだ。大きいのは畳よりも大きかったと思う。軽石は互いにぶつかり合ううちに割れて小さくなっていった」。

当時小学校教員をしていた人の話。「自分が見た最大の軽石は伊原間《いばるま》の西海岸で、長さ一メートル弱で、重くて持ち上げられなかった。でも、水に入れたら浮いたので軽石であることがわかった」。

以上を総合すると、海岸で確認できた最大の軽石は長さ二メートル余りだったと思われる。軽石が火口を出たときは八〇〇℃はあったはずで、これがいきなり水に触れて急冷したとき、パチパチとたくさんのヒビが入ったはずである。そのため、軽石同士がぶつかるとこのヒビにそって割れ、小さくなっていく。したがって、海岸まで漂流しても二メートルあった軽石は、噴出直後はもっと大きかったはずである。

総噴出量の推定

噴火の後、数日は風が北東ないし北に八メートルなので、東―北東に向かう海流とほぼ逆であったことから、ほぼ円形に拡散したものとする。

八重山諸島の海は軽石で埋め尽くされ、各港では船の出入りに困難を感じたという状況などから推定した軽石の漂流面積と、カツオ船のスクリューの羽根がひどく摩耗したということなどから推定した漂流軽石の厚さから、軽石の総量を一立方キロメートルと推定した。噴出量は中型の溶岩ドームとほぼ同規模である。[(2)(11)]

軽石漂着の写真

以上の軽石漂着を裏付ける三枚構成の組写真がある。このうち写真2－13と写真2－14が小浜島での様子である。

写真2－13は、手前のものは軽石であろう。周りの白い部分が浮いた軽石で、停泊している船の少し先まで続く。その先の黒い部分は沖縄特有の青い海である。遠方だからそう見えるのだろうが、白と黒の境界がはっきりしているのがおもしろい。

写真2－14は、三人の人物の周りの雪のように見える白い部分が、サンゴ礁の浅瀬に漂着した軽石群である。ひざの上まで軽石がきており、当然足先は海水に浸かっているはずである。こ

写真２－13（上）・２－14（中）「大正一三年一一月一八日。小浜島北西岸を閉塞せし軽石」（1）。
写真２－15（下）鳩間島全景（1）。

のまま少し長い時間歩いたら、ひざ付近の皮膚が軽石に当たって擦りむけ、血がにじむに違いない。

写真2－15は、鳩間島を南から見た写真で、西表海底火山はこの右後方にあるはずである。なお、ここに岩崎氏とあるのは、当時石垣島測候所（現・石垣島地方気象台）所長の岩崎卓爾《いわさきたくじ》である（写真2－16）。彼は八重山の歴史・民俗・生物にも関心を持って優れた研究を行い、彼が発見し学名に「イワサキ」が付いている昆虫やヘビが一三種ある。

写真2－16　石垣島測候所（現・石垣島地方気象台）所長だった岩崎卓爾。

全国に軽石漂着の報告を依頼

西表海底火山の噴火によって大量の軽石が漂流し始めたことを知った神戸海洋気象台の関和《せきかず》男《お》は、全国に軽石漂着の有無を問い合わせた。全国沿岸の各測候所と各府県の水産試験場である。それに応えて全国から大量の報告と軽石サンプルの送付があった。これをまとめた関は、噴火の二年後に当たる一九二六年に海流に焦点を当てた論文を発表した。以下、その後の軽石漂流の様子を関の論文に従って見ていこう。

沖縄付近での漂流状況

最も早く軽石が到着したのは三週間後、沖縄本島西海岸の本部《もとぶ》と水納《みんな》島、具志堅《ぐしけん》・備瀬《びせ》海岸と伊平屋《いへや》島である。具志堅・備瀬海岸では二〇センチメートルの軽石が六〇センチメートルほど積み重なっていた。伊平屋島東岸では九〇センチメートルほどの大きさの軽石もあった。海上では広さ三〇〇坪ほどの広がりになった軽石の大群や、長辺一五〇メートルほどの大きさの軽石の群れが漂流し、小さな群れはこれ以降も毎日沖を漂流していった。さらに、伊平屋島沖には四か月後の三月二日にも大群が流れた。

以上の記述にあるように、軽石は広く分散して漂流するのではなく、帯状の集団になって漂流した。こうした様子は明神礁の軽石（写真2－5・2－6・2－7）でも観察できる。軽石の集団に横から強い風が吹くと周辺の島じまの砂浜に漂着する。一旦漂着すると、当分はそこに留まる。再び関の論文に戻ろう。

日本列島を包むように漂流

沖縄本島を過ぎた後も、軽石は北東に漂流を続け、沖縄本島の西岸を通過するあたりから二手に分かれた。一つは黒潮に乗って東に分かれ、九州・四国・東海・関東の沖を流れて銚子《ちょうし》沖か

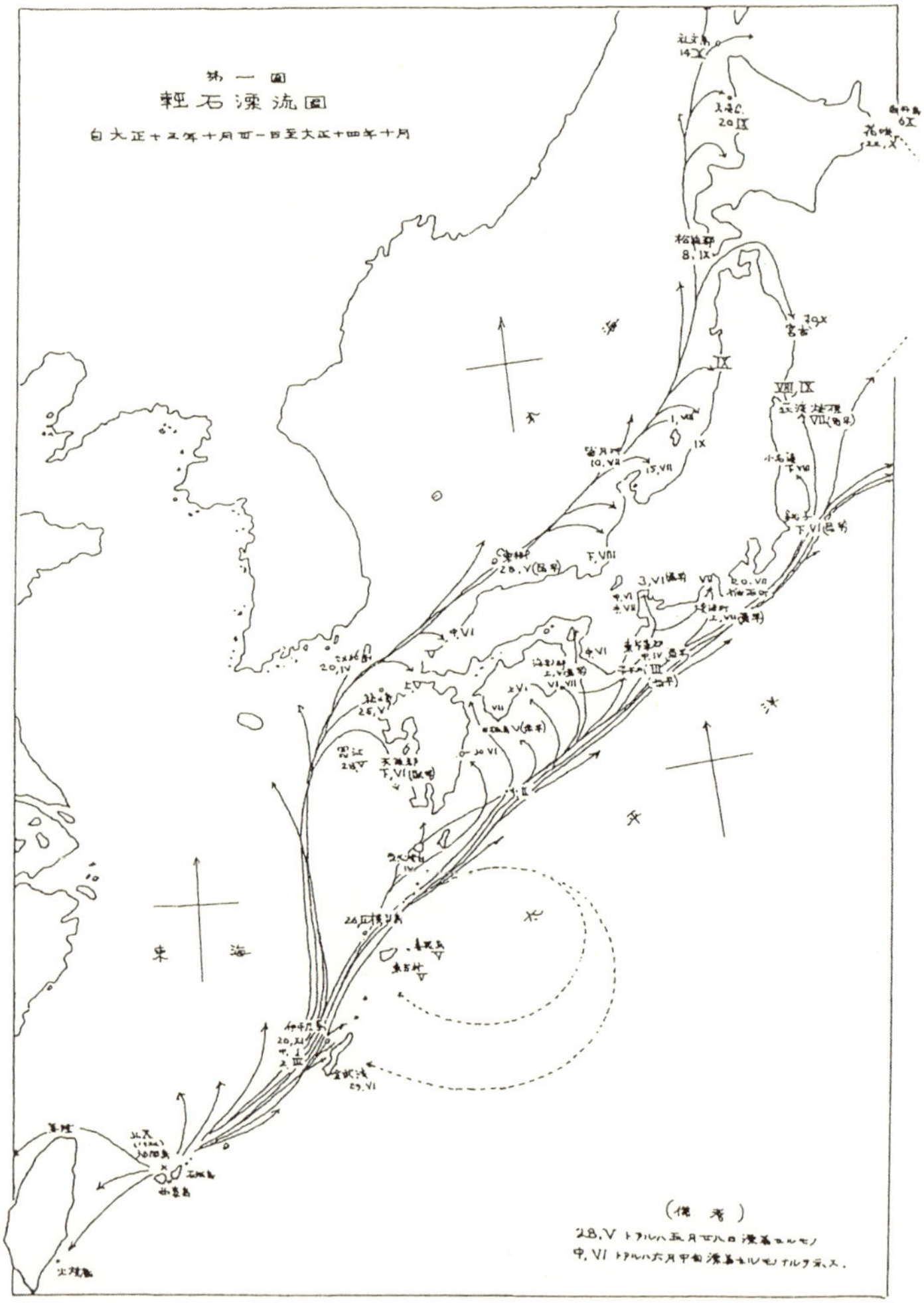

図2－3　1924年、西表海底火山から噴出した軽石の漂流図。軽石の漂流をもとに、関は日本近海の海流の様子を明らかにした(1)。

ら東の太平洋に向かい、一部は北上して宮城県沖に流れた。

一方、西に分かれた軽石は対馬《つしま》海峡を抜けて日本海に入り、最も北では北海道の礼文《れぶん》島で確認されている。途中、一部は津軽《つがる》海峡を東に抜け、三陸の宮古で確認されている。こうした様子を関は軽石漂流図として一枚の地図にまとめた(図2-3)。

このことで、それまではっきりしていなかった日本付近の海流の様子が明らかになったのである。自然が与えてくれた研究のチャンスを海流解明にうまく活かせた好例である。西表海底火山の位置が、国内では黒潮《くろしお》の最上流域に当たる西表島北だったことが幸いだった。もしこれがたとえば先に述べた明神礁だったとしたら、黒潮のずっと下流なので、いかに大量の軽石が噴出したとしても、日本全体の海流をこのように解明することはできなかった。

研究者は一生の研究生活三〇~四〇年間の中で、こうした好機が一度ないしは何度か巡って来るように思える。それをうまくとらえて成果に結びつけられるかどうかは、その人の力量と研究環境の問題であろう。

沖縄本島での軽石にまつわる話三題

沖縄本島在住の人から軽石に関連してこんなことを聞いたことがある。一つは、子供のころ親にいわれて何度も海岸に軽石を採りに行かされたという話。「当時台所での煮炊きは薪《まき》を使って

写真２－17　鹿児島県桜島火山。

いたので、鍋や釜の底にススが付く。これが厚くなると火の熱が鍋底に伝わるのをさえぎって、薪を余計に使うようになる。それでこれを削り落とすのに軽石を使った。軽石は硬さがほどよくて、ススはよく取れるが鍋底にはほとんど傷がつかなかった」というわけである。もちろん、ススが取れるにつれて、軽石も粉になって減っていく。

二つ目の話。「軽石は鹿児島県の桜島《さくらじま》が噴火したときに出たもので、これが沖縄に流れ着いたという噂話が流れた」そうである。桜島は一九一四年に有名な大正《たいしょう》噴火を起こし、死者五八人が出る激しい活動をした[5]（写真２－17）。

大正噴火は日本で二〇世紀に起きた噴火の中では最大規模のものである[12]。西表海底火山噴火の一〇年前にあたり、激しい火山性の地震を起こしたことでも有名である。このとき桜島の南東に流れた溶岩流は大隅《おおすみ》半島に達し、島は陸続きになってしまった。大正噴火は当然沖縄でも知られ、軽石の漂流と結びついたのだろう。

この話には二つ理屈に合わない点がある。

一つは黒潮の流れ（北↑南）とは逆で、桜島から沖縄には流れない。当時は海流の詳細がわからなかったということでもある。もう一つ、桜島のこの噴火は安山岩で、軽石は灰色である。西表海底火山の軽石は後に述べるように白色である。

軽石にまつわる話題の三つ目は子供の遊びである。男の子の短く刈ったイガグリ頭を、毛並みに逆らって軽石でこすると毛が軽石の穴に食い込んで痛い。突然これをやられると、ビックリするのと痛いのとで悲鳴をあげるというわけである。

元気のいいおてんばの女の子が、軽石を片手にこっそりと男の子の背後から接近する光景を、そしてもう少しというときの口に力が入った顔の表情を想像すると、ついほほが緩んでしまう。

この遊びから、沖縄では軽石のことを毛食い石《キークイイシ》と呼んでいたという。私も子供のころ、一時家庭で燃料に使われていたコークスで同じ遊びをした記憶がある。

どれが西表海底火山の軽石か

化学成分と分布・大きさによる推定

海岸にはいろいろな見かけの軽石が漂着しているが、どれがこの西表海底火山の軽石なのだろうか。それを調べる方法としてまず私が考えたのが軽石の大きさと分布状況だった。

西表海底火山の軽石は、西表島や石垣島などの八重山諸島で大きさも量も最大で、黒潮の下流にあたる沖縄本島に向かって次第に小さくなり、量も減っていくはずである。つまり、大きさと、

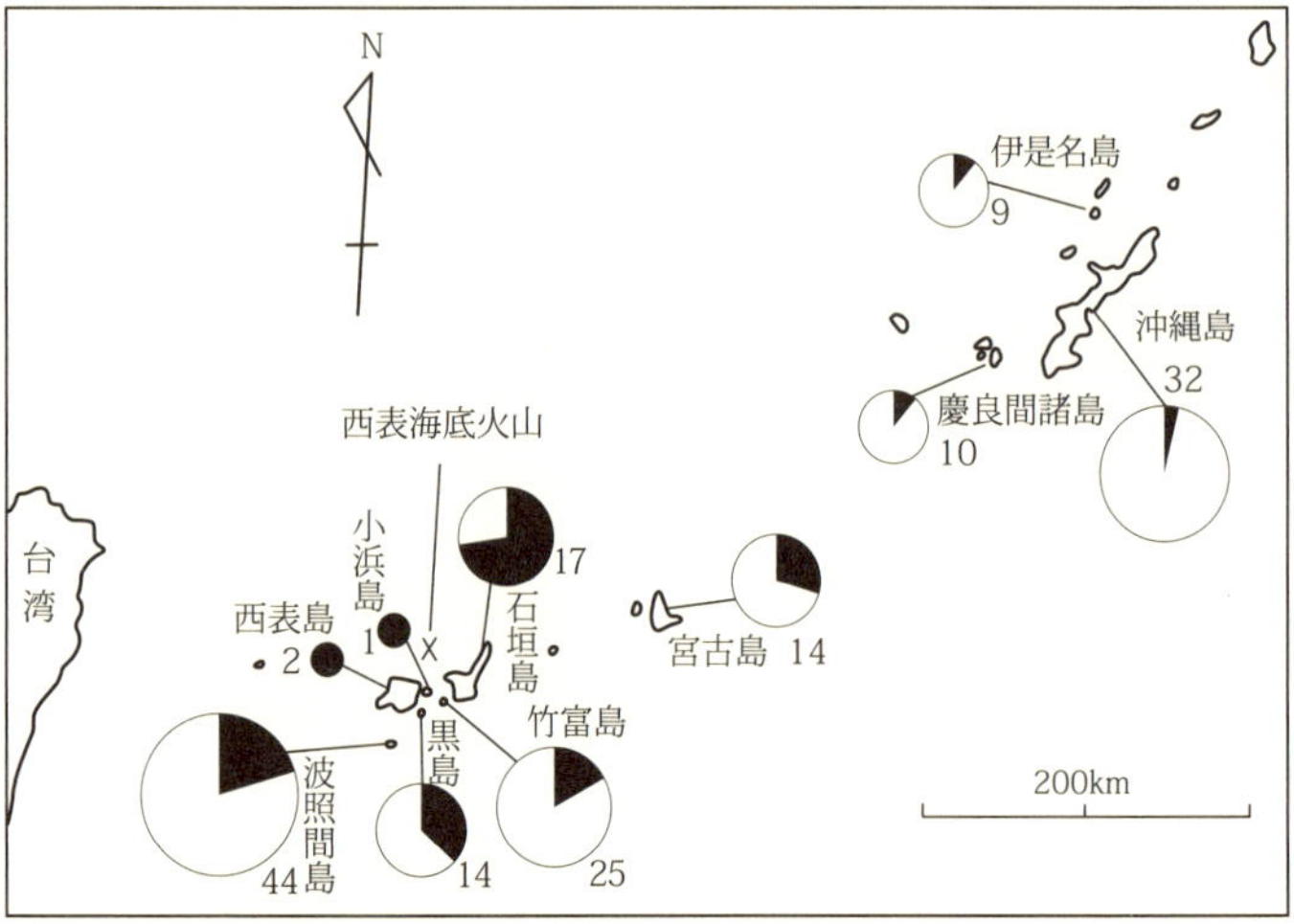

図2－4　軽石頻度分布図。円グラフの黒が西表海底火山。円の大きさと脇の数字が標本数。八重山から離れると西表海底火山軽石の割合が少なくなる。

軽石全体に占める割合が八重山諸島から北東に向かって減少する軽石が西表海底火山の軽石に違いないと考えた。

各島で採集した軽石について、肉眼的特徴と大きさを調べ、さらに、その一つひとつについて化学分析をして成分を調べれば、問題の軽石が突き止められるはずである。

調べた結果、大きさと割合の二つの条件に合う軽石が一種だけ見つかった（図2－4）。

この軽石の割合は、石垣島では七〇パーセントに達するが、黒潮の五〇〇キロメートル下流に当たる沖縄群島では三～二〇パーセントに減ってしまう。

また、大きさは西表島で一メートルに達するのに対して沖縄群島では五センチメートルほどに過ぎない。これが西表海底火山の軽石に違いない。

新聞による呼び掛け

しかし、こうした状況証拠ではなく、何か別の確かな証拠も欲しい。当時の漂着軽石を採集し、現在もなお保管してくれている人がいたらありがたいのだが、うまい具合にそういう人がいるだろうか。いたとして、どのようにして探せばいいのだろうか。そう悩んでいるところで、地元の新聞に西表海底火山の噴火と軽石漂流について書く機会ができた。

当時、西表海底火山の噴火について八重山ではともかくも、沖縄本島ではあまり知られていなかったうえに、この軽石が日本列島を包むように漂流し、日本付近の海流の様子が明らかになったことについてはほとんどの人が知らなかった。

早速、科学解説記事として学芸欄に上下二回に分けて執筆した。そして、最後に、「西表海底火山の軽石を現在も保管してくれている人があったら是非、なくても噴火についての情報があったら連絡をお願いしたい」という内容のことを書いた。一九八一年、西表海底火山の噴火から五七年が経っていた。

軽石が来た！

原稿が紙面に掲載されると、すぐに当時の様子についての情報がいくつか寄せられてきた。それらはそれなりに有益だった。だが、軽石そのものは来なかった。二か月ほど経って半ばあきらめかけていたところに、研究室宛に小さめの小包が届いた。開けると握り拳よりやや大きめの、

写真2－18　西表海底火山の軽石を保管・提供された喜舎場永浩氏。1981年12月。

角のとれた白い軽石だった。私がこの軽石では、と見当をつけていた軽石と肉眼的特徴が全く同じだった。石垣島の喜舎場《きしゃば》永浩《えいこう》氏（写真2－18）が保管していたものを八重山民俗研究家の牧野清氏が郵送してくれた。

その後、喜舎場氏から聞いた話は以下のようなものだった。

この軽石は噴火当時、岩崎氏が採集したものの一つを、父で郷土史家として知られる喜舎場永珣《えいじゅん》氏が譲り受け、将来必ず役に立つときがある、といってその後長い間本棚の中に保存していたものだった。「処分しようと思ったこともあったが、父の遺志通り学問的に役に立つ日が来てうれしい。保管していてよかった」とおっしゃった。それは私もまったく同じことで、関係の方々に心から感謝した。と同時に、新聞の威力を思い知らされた。なお、軽石を採集した岩崎氏は、小浜島に漂着した軽石の写真2－13～2－15の撮影者と同じ石垣島測候所長だった岩崎卓爾氏である。

はやる気持ちを抑えて早速一部をカッターで切断し、洗浄・乾燥を経て粉末にし、化学分析を行った。結果は、これだと推定していた軽石と成分が一致した。ついに一九二四年西表海底火山噴火の軽石が特定できた。お礼状を送る際、以上の結果の報告も行った。

現在見つかる最大の軽石

以上述べてきた軽石調査には私の研究室の卒論テーマとして、武田雅人君と赤嶺克也君が研究した結果も含まれている[13][14]。

研究初期には武田君が主に分布と化学成分について、その後時間を経て分布がはっきりしてからは、赤嶺君が岩石的な性質について調べた。

写真２－19　卒論で見つかった軽石のうち最大のもの。軽石なのでこのように持てる。

そうした現地調査をする中で見つかった最大の軽石は三四×四七×二六センチメートル、重さ一二キログラムのものだった[14]（写真２－19）。これは西表島北岸中部の船浦《ふなうら》湾で見つかったものである。ここは遠浅な湾の奥に当たり、大きな木が生えたゆるい斜面で、木の根元にかかっていた。軽石が木にかかった後は台風が来ても流されなかったのであろう。

軽石は砂浜に打ち上げられただけの状況だと、台風や高潮が来たときに海に戻されて再び漂流を始めるので、はじめたくさんあった軽石は次第に減っていってしまう。だから、砂浜の上の林にまで打ち上げられるようなことがないと、なかなか残らない。

沖縄本島の海岸では鍋底掃除用に海に拾いに行ったという大きさの軽石は、今はなかなか見つからない。私は石垣島の海岸でアダンの根の中で三〇センチメートルほどの軽石を採集したことがあるが、この場合はその後成長した木に押さえ込まれた形になっていた。こうなれば軽石はもう流れることはなく、永久に固定されてしまう。

国民歌謡「椰子の実」

柳田國男《やなぎたくにお》が愛知県の伊良湖岬《いらごみさき》にヤシの実が漂着しているのを発見し、これを聞いた島崎藤村《しまざきとうそん》が一九〇〇（明治三三）年に「椰子《やし》の実《み》」を作詞したといわれる。名も知らぬ／遠き島より／流れ寄る／椰子の実一つ……という詩である。

この当時、どこか南からの海流があることはわかっていたが、詳しいことは不明だった。この詩に一九三六（昭和一一）年、大中寅二《おおなかとらじ》が曲を付け、広く知られるようになった。ところがかつて音楽の教科書に載っていたこの曲が最近は消えてしまい、この歌を知らない若者が多くなってしまった。小中学校の教科書の影響を今さらながら感じる。

この歌にちなんで、石垣島沖からヤシの実を放流する行事が、毎年六月石垣島の祭りに合わせて行われている。伊良湖岬がある愛知県田原《たはら》市の主催で、石垣島を「名も知らぬ遠き島」に見立てたわけである。
「波にのせ　想いは遙か　恋路ヶ浜」と記した金属のプレートを付けたヤシを一〇〇個ほど流している。漂着ヤシを拾うと景品が出るようだが、なかなか伊良湖岬の恋路ヶ浜に漂着しないそうだ（写真２－20）。

写真２－20　愛知県伊良湖岬恋路ヶ浜。

　私が大学で西表海底火山の存在と軽石漂流の話をするとき、学生に少しは関心をもってもらおうとこの詩の冒頭部分を引用することがある。しかし、反応はよくない。それではと、たまには歌う。すると聞いたメロディーだと反応する学生が少し出てくる。授業では学生の関心を引こうといろいろ工夫するのだが、時どき年齢の壁にぶつかって苦笑することがある。

磁北と真北

　実は、西表海底火山の位置はまだ正確にはわかっていない。加納船長の報告書の最後には、火山の位置が「西表島赤離岩より磁方位《じほうい》北北東に延長約一二海里（二二キロメートル）」と書かれている。

磁方位とは磁石が指す北、つまり磁北《じほく》を基準としたときの方位である。われわれが日常にいう北は今さらいうまでもなく地図上で東経何度かを示す経線の方向である。この北を磁北と区別するときは真北《しんぼく》と呼ぶ。磁北と真北は一般に一致せず、両者のズレを偏角《へんかく》と呼ぶ。磁北が真北より右、つまり東寄りのときをプラス、逆のときをマイナスと呼ぶ約束になっている。

一四九二年コロンブスが大西洋を横断したとき、はじめプラスだった偏角が西に進むにつれてゼロになり、その後マイナスになった。このことで偏角が場所によって違うことを発見したという。(15) コロンブスは大陸を発見する前に、偏角が場所によって異なることを発見したということになる。

日本付近の偏角は北ほど大きく、北海道の北でマイナス一〇度、東京でマイナス七度、問題の八重山諸島ではマイナス三度ほどである。各地での偏角の大きさは、国土地理院発行の五万分の一や二万五〇〇〇分の一地形図に、たとえば「磁針方向は西偏約三度五〇分」というふうに表示してある。

偏角は時間とともに少しずつ変化しており、今から八〇年以上前の西表海底火山噴火当時は現在より小さかったものと思われる。それは一八〇〇年ごろ、西日本で偏角がゼロに近かったというデータがあるからである。

ともあれ、加納報告は、たとえば「北二三度東」というような精度の高い表記法ではなく、北北東という幅のある表現なので、偏角が三度でも二度でも問題にならない。火山の中心位置が船から見ただけではよくわからなかったために、こうした表現をとったのであろう。

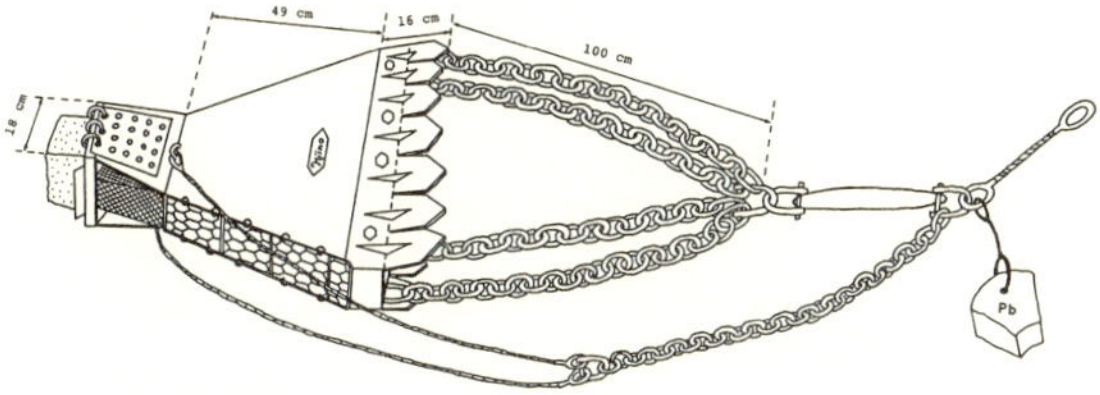

図2－5　海底の岩石を採るドレッジャー。新野式(16)。

調査船による火山探し

火山なのだから周りより高い所のはずだ、とまずは考える。ところが加納船長報告の位置は水深八〇〇メートルほどの斜面で海底に高まりがない。しかし、それより東の海底にはいくつかの高まりがある。

西表火山近くの海底には、発泡不十分で浮上しなかった軽石が大量に散らばっているに違いない。これを採集して化学成分を調べれば、すでに述べたように西表海底火山の確認ができる。

私が所属していた琉球大学は長崎大学の海洋実習船「長崎丸」の協力を得て、「乗船実習」を毎年実施している。私も何度も乗船させてもらった。この中で火山探しのドレッジを何回か行っている。ドレッジとは丈夫な爪のついた容器のドレッジャー（図2－5・写真2－21）で海底を引っかいて軽石などのサンプルを採る作業である。

地図にある目的の山地形をGPSと音波探査で確認後、海流の方向も考慮して船を徐航させる。斜面の手前からドレッジャーの付いた

写真2－21　ドレッジャー。重りを付けて海底の岩石を採りやすく工夫している。奥のほうに引く。

ワイヤーを降ろす。船上で繰り出したワイヤーを触っていると、ワイヤーが予定の長さに達したあと、まず最初にドレッジャーが着底したショックに始まって、海底で何かを引っかいたり何かとぶつかったりしたときの衝撃などが振動でわかる。やがて目的の山頂を通過したあたりでワイヤーを巻き揚げ始める。

「残り何メートル」というスピーカーからの声を聞きながら船尾に集まり、皆で海中のワイヤーの先に注目する。ドレッジャーの影らしいものが海水を通して揺らいで見え始めると、あとはどんどん大きくなってくる。

ドレッジャーが海面に現れ、船尾上部の滑車にぶらさがったワイヤーをさらに引くと、ドレッジャーが海から現れる。ドレッジャーと一緒に上がった海水が音を立ててまず海面を叩き、次に甲板に落ちる。揚がったドレッジャーを甲板に移す。皆が一斉に中をのぞき込む。期待の一瞬である。用意した箱に採れたサンプルを移す。サンプルが泥などで汚れているときはハンマーで叩いて新鮮な面を出して調べる。こうした作業を繰り返すわけである。空振りでサンプルが何も採れないこともよくある。火山探しでは、はじめ海上保安庁発行の二〇万分の一海底地形図をもとに、いくつかある小山に見当をつけて作業をしたがダメだった。

その後、一九九一年、同じ海上保安庁から五万分の一沿岸の海の基本図「西表島北部」が発行になった。これは地形図が詳しいだけでなく地質構造図もあった。しかも、それらしい水深五二〇メートルの高まりに火成岩の存在が記されている。早速ここに何度か挑戦したが結果はやはりダメだった。そんなわけで火山の位置はいまだに不明である。浅い海域はひと通り調べてダメだったので、あとは残った五〇〇メートルより深い所かもしれない[17]。

今までは山にヤマをかけていた。しかし、今後の方針としては山腹や大きな窪地を狙うことも考えられる。山腹に火口が開いた側の噴火も考えられるからである。

写真2－22　長崎丸による乗船実習。トロール関連の作業。

乗船実習

ところで、この「乗船実習」（写真2－22・2－23）は琉球大学の単位互換制度の授業で、毎年三〇人ほどの学生が受講している。カリキュラムとして何種類もの実習が詰まった一週間弱の洋上生活は、学生にとって初めてのことで、いい勉強と体験になる。長崎大学のおかげである。運悪く実習が海況不良なときにぶつかってしまい船が揺れると、ベテラン船員と

写真２－23　長崎丸による乗船実習の様子。

違い学生は船酔いしやすい。

私が乗船しなかったときは、下船してきた学生によく様子を聞く。「酔わなかった？」「ひどく吐いてしまいました」「食べた物より多かったとか？」「そんな……。もう乗りたくないです」と伏し目がち。これも下船後一か月もしないうちに辛いことは忘れてしまい、楽しい思い出だけになってしまう、という転換が見事なのが若者である。

「もう一度乗ってみたいです。船長さんがかっこよかった」。

3章　軽石に関わる用語

岩石と鉱物

今までほとんど説明せずに使ってきた軽石に関わる専門用語の説明を、ここでひと通りしておこう。

＊

専門語では石という言葉は使わず、岩石《がんせき》という。岩石というとふつうある程度大きなものを連想するが、どんなに小さくても岩石という。岩石は火成岩《かせいがん》・堆積岩《たいせきがん》・変成岩《へんせいがん》の三つに分類される。どれもその中身を調べると鉱物《こうぶつ》が集まった混合物である。

鉱物だけでなくガラスが入っていることもある。この場合は鉱物とガラスの混合物ということになる。一方、鉱物は成分を化学式で表せる結晶である。化学式が簡単な例には石英の二酸化珪素（別名、無水珪酸）SiO_2があるが、かなり長い化学式になる鉱物もある。岩石は混合物なので化学式はない。

合理的な日本名

岩石の名前は「××岩」というふうに「岩」で終わるのに対して、鉱物は「石」または「鉱」で終わる。このことに注意すれば、初めて聞く名前でも岩石か鉱物かが区別できる。ふつうの鉱物は石で終わる。「鉱」で終わるのは金属の鉱石になる鉱物であり、黄鉄鉱《おうてっこう》・黄銅鉱《おうどうこう》・方鉛鉱《ほうえんこう》・閃《せん》亜鉛鉱《あえんこう》などがこれである。

明治時代の文明開化に伴って欧米の学問が日本に流入してきた。このとき、英語に相当する日本語を考えた明治の人が、語尾で区別できるように合理的な工夫をしてくれたお陰なのである。

英語では岩石も鉱物も ite《アイト》 で終わる。たとえば、岩石の安山岩《あんざんがん》が andesite《アンデサイト》、鉱物の方解石《ほうかいせき》が calcite《カルサイト》、鉱石鉱物の黄鉄鉱が pyrite《パイライト》 といった具合である。そのため、英語では知らない用語が単独で出てきたとき、それが岩石なのか鉱物なのかがわからない。学生が初めて地学を学ぶ場合を考えると、日本人のほうがずっと負担が少ない。日本語の漢字文化を上手に利用した傑作ともいえる。

何事にも例外がつきものである。石英《せきえい》・雲母《うんも》・石膏《せっこう》はいずれも鉱物だが「鉱」が付いていない。こうした言葉は、鉱物名を鉱で統一した明治以前にすでに使われていた単語である。また、専門語では石灰岩《せっかいがん》・黒曜岩《こくようがん》というが、日常、石灰石《せっかいせき》・黒曜石《こくようせき》というものもあるので注意が必要である。

英語でも古くからある単語に ite《アイト》 が付いていないものがある。石英・雲母・石膏はそれぞれ quartz《コーツ》、mica《マイカ》、gypsum《ギプサム》 で、末尾に ite《アイト》 がついていない。

ところで雲母は紙のように薄く剥げる性質があるために、細かくした雲母を水に入れるとほかの鉱物と違って、ひらひらと舞うように沈んでいく。「まいか」という音の女性がいるが、この名を付けた両親がこの舞いを想いながら、雲母の英語と同じ音の名を付けたのなら素晴らしい、と思ってしまう。

マグマ

マグマとは地下にある高温の液状の流体である。マグマは液体だけでできているのではなくて、中に結晶が泳いでいるのがふつうである。結晶の量はいろいろだが、マグマ全体の数パーセントから一〇パーセント以内のことが多い。結晶はたとえば、無色の石英・長石《ちょうせき》や黒い輝石《きせき》・角閃石《かくせんせき》・雲母などという鉱物である。このうちのどれとどれがどのくらい含まれているのかがマグマによって異なる。液体といわずに流体といったのは、こうした結晶＝固体が含まれているからである。

マグマという語は地下にあるときに使うという約束になっているので、地表に噴き出して流れているのはマグマとはいわずに溶岩と呼ぶ。

火山が噴火して溶岩が流れている様子を、上空からテレビ局のレポーターが「真っ赤なマグマが流れ下っています」と報告している場面が時どきあるが、専門語としては「真っ赤な溶岩」というべきものである。なお、溶岩という言葉は高温で流れているときだけでなく、冷えて固まったものにも使う。

火山ガラス

物質はその状態から固体・液体・気体の三つに分けられる。このうち固体には原子の並び方に二種類あって、原子が規則正しく配列しているものを結晶、原子の配列が不規則なものをアモルファスという。アモルファスの代表がガラスである（写真3－1）。

写真３－１　火山ガラスの顕微鏡写真。横幅は1mm。

われわれの身の回りには窓ガラスをはじめ、コップや蛍光灯など、実に広くガラスが使われている。グラスと呼ばれるガラスもある。こうしたガラスは工場で作ったものだが、天然でもガラスができる。軽石はその代表である。これ以外にも火山噴火で吹き飛ばされる火山灰にはたくさんのガラスの欠片《かけら》が含まれている。

火山灰には軽石が発泡し過ぎて小さな欠片になってしまったものや、軽石が何かとぶつかって壊れて小さな破片になったものもある。人類遺跡などに出てきたりペンダントなどに使う黒曜岩（写真3－3）は塊全体がガラスである。これらは人工のガラスに対して天然ガラスであり、火山作用によってできるので火山ガラスという。

こうしたガラスは、マグマの液体部分が噴火に伴って急激に冷えたときにできる。言い方を変えれば、あまり急に冷えたために結晶になるヒマがなかった液体がガラスなのである。もし十分にゆっくり冷えたときはガラスではなく結晶になる。

溶岩の表面部分にはガラスが多い。それは空気に触れて急に冷やされるからである。溶岩が海底で噴き出したり、地表を流れる真っ赤な溶岩が海に流れ落ちたりした場合は、さらにガラスの割合が多くなる。ただ、ガラスの割合は溶岩の表面から内側に向かうと急激に減少する。これは溶岩が固まってできた固体（火山岩《かざんがん》）が比較的熱を伝えにくく、防寒着のような役割をはたすからである。

火成岩の分類

マグマが冷えて固まった岩石を火成岩《かせいがん》と呼ぶ。だから火成岩は時間を逆に戻すと、かつてはどろどろのマグマだったということになる。火成岩は二つの物差しを使って分類する。冷却速度と化学成分である。

冷却速度の違いで火山岩か深成岩に分類

マグマが冷えて固まるまでの時間は、地表を流れる溶岩は短い。溶岩のように地表付近で急速に冷却・固結した岩石を火山岩と呼ぶ（表3－1）。火山岩では、冷える速度が速いので固まるまでの時間が短く、液体が結晶になれずにガラス質になったり、顕微鏡でないと確認できないような微細な結晶粒になる。

固まる、とは、液がガラスか結晶に変化することである。固まる温度は、火山岩の中で最も高温の玄武岩《げんぶがん》で約一〇〇〇℃である。だから固まったからといってうっかり触ると火傷をする。

火山岩の中には、目で簡単に確認できるような大きさの結晶が入っていることが多い。これは噴出前にマグマの中を泳いでいた結晶で、まだらで目立つので斑晶《はんしょう》と呼ぶ。それに対して、斑晶を取りまくガラスや微細な結晶を石基《せっき》と呼ぶ。

これに対して、地下深くで長時間かけて固まった岩石を深成岩《しんせいがん》と呼ぶ。石材によく使われる花崗岩《かこうがん》、別名御影石《みかげいし》がこの代表である。マグマが固まる温度は花崗岩が最も低く、約七〇〇℃であり、六五〇℃を切ることはない。この温度にまで下がるとマグマの中にあった液体はすべてなくなり、結晶の成長は終わる。

表3－1　冷却速度による火成岩の分類

冷却速度	石基構成物		分類名
最急冷	ガラス		火山岩
急冷	ガラス／結晶	細粒	火山岩
徐冷	結晶	中粒	半深成岩
最徐冷	結晶	粗粒	深成岩

地下深くでは周囲の温度全体が高いから固まるまでに長時間を要し、したがって結晶が大きく育つ時間がある。だから結晶粒が粗く肉眼で確認できる。長時間とは何十万年とか、何百万年とかいう程度の長さであろう。その後、さらにその深成岩体が周囲の温度と同じ温度まで下がるには、これよりもさらに長い時間を要する。

マグマの固まる場所が地下ではあるがさほど深くないときは、石基にガラスがなく、火山岩と深成岩の中間になる。こうした岩石は半深成岩《はんしんせいがん》と呼ぶ。中間かどうかはガラスの有無と石基の結晶粒の大きさを見ればわかる。斑晶の大きさとは別である。

冷却速度が速いか否かは斑晶ではなく、石基の粒度で判断する。ガラスであれば速い。石基の結晶が細かければ次に速い。粗粒なら最も遅い。深成岩は全体が石基であると考える。

マグマの化学成分で塩基性・中性・酸性に分類

マグマを構成している元素のうち量が多いのは、おおよそ多い順に以下の一二種である。酸素、珪素、アルミニウム、鉄（二価と三価）、カルシウム、ナトリウム、マグネシウム、カリウム、チタン、水素、燐《リン》、マンガン。このうち最初の酸素と珪素が抜群に多く、この二元素だけで全体の七〇パーセントに近い。それに対して、この一二種に入らない元素はふつう〇・〇一パーセント未満で少ない。

火成岩の化学成分を分類するときは、最も量が多い酸素と珪素の化合物である二酸化珪素

SiO_2の量を基準にすることが多い。二酸化珪素が多い岩石を酸性岩、中間を中性岩、少ない岩石を塩基性岩と呼ぶ。酸性とは二酸化珪素が多いということであり、塩基性とは、マグネシウム・カルシウム・鉄などが多いという意味である。理科の時間に勉強する酸性・中性・アルカリ性とは言葉の使い方が違うので注意が必要である。

さらに、アルカリ岩系列という、二酸化珪素の量の割にナトリウム、カリウムが多い岩石がある。この系列では酸性のアルカリ岩、塩基性のアルカリ岩というものがあって、表向きの言葉だけで理解しようとすると訳がわからなくなるので注意を要する。

火山岩は二酸化珪素の少ないものから多いほうへ順に、四五パーセント以上が玄武岩、五三パーセント以上が安山岩、六四パーセント以上がデイサイト、七〇パーセント以上が流紋岩と名付けられている（表3－2）。このうち玄武岩は塩基性岩、安山岩は中性岩、デイサイト・流紋岩は酸性岩という。

なお、二酸化珪素は多くても約七五パーセントまでで、これ以上多くなることはほとんどない。また、二酸化珪素が四五パーセントを切ることもほとんどない。

表3－2　化学成分による火成岩の分類

二酸化珪素 SiO_2 (%)		(45)	53	64	70	(75)
分類名		塩基性	中 性	酸 性	
岩石の例	火山岩	玄武岩	安山岩	デイサイト	流紋岩
	深成岩	はんれい岩	閃緑岩	花崗岩	

二酸化珪素が何パーセントの所で岩石を分けるのかは絶対的なものでなく、本によって、また、研究者によって少し異なる。本書ではここに示した分類に従う。また、デイサイトと流紋岩の分類については、両方とも二酸化珪素を六五パーセント以上として、ナトリウムとカリウムの量と比率でカリウムの多いものを流紋岩にするという分類法もある。

火山岩の四つの岩石名中に、一つだけデイサイトという英語が入っている。これはかつては石英安山岩と呼んでいた。しかし、安山岩なのに石英の斑晶が入っている変わり者の安山岩も石英安山岩と呼ぶことがある。また、石英の斑晶が入っていないデイサイトもあるので、紛らわしい。そのため、石英安山岩と呼ぶのを止めて、英語をそのまま使うようになった。

化学成分の肉眼的判別法

火成岩を分類する物差しの一つであるマグマの冷却速度は、岩石を作っている鉱物の結晶の大きさやガラスの量を見ることで判別できた。それではもう一つの基準である化学成分を化学分析によらずに、肉眼で判別するにはどうするのか。

マグマを構成している一二種の元素のうちで、相対的に量が多くて岩石の色を左右するのは鉄である。マンガンやチタンにも色があるが、含有量が鉄に比べて圧倒的に少ないので、色を考えるときは無視できる。

一般にマグマの二酸化珪素が増えると鉄は減る（図3－1）。そのため塩基性である玄武岩には鉄が最も多く、酸性岩である流紋岩では鉄が最も少ない。したがって玄武岩は黒っぽく、安山岩は灰色で、流紋岩は白っぽい。

また、デイサイトは白っぽいが、デイサイトの中でも二酸化珪素が少なくなって安山岩に近づくと明るい灰色になる。このように色が白っぽいか黒っぽいかで塩基性・中性・酸性のいずれであるかを判断して岩石名を付けることができる。

黒い安山岩

ところが実際には玄武岩よりも安山岩のほうが黒い場合があり、上記の説明ではうまくいかないことがある。これには二つの場合がある。

一つは、マグマの種類（岩系）によって鉄の量が異なることで生ずる現象である。これを下図3－1で説明する。

P岩系（ピジオン輝石質岩系）をみると、二酸

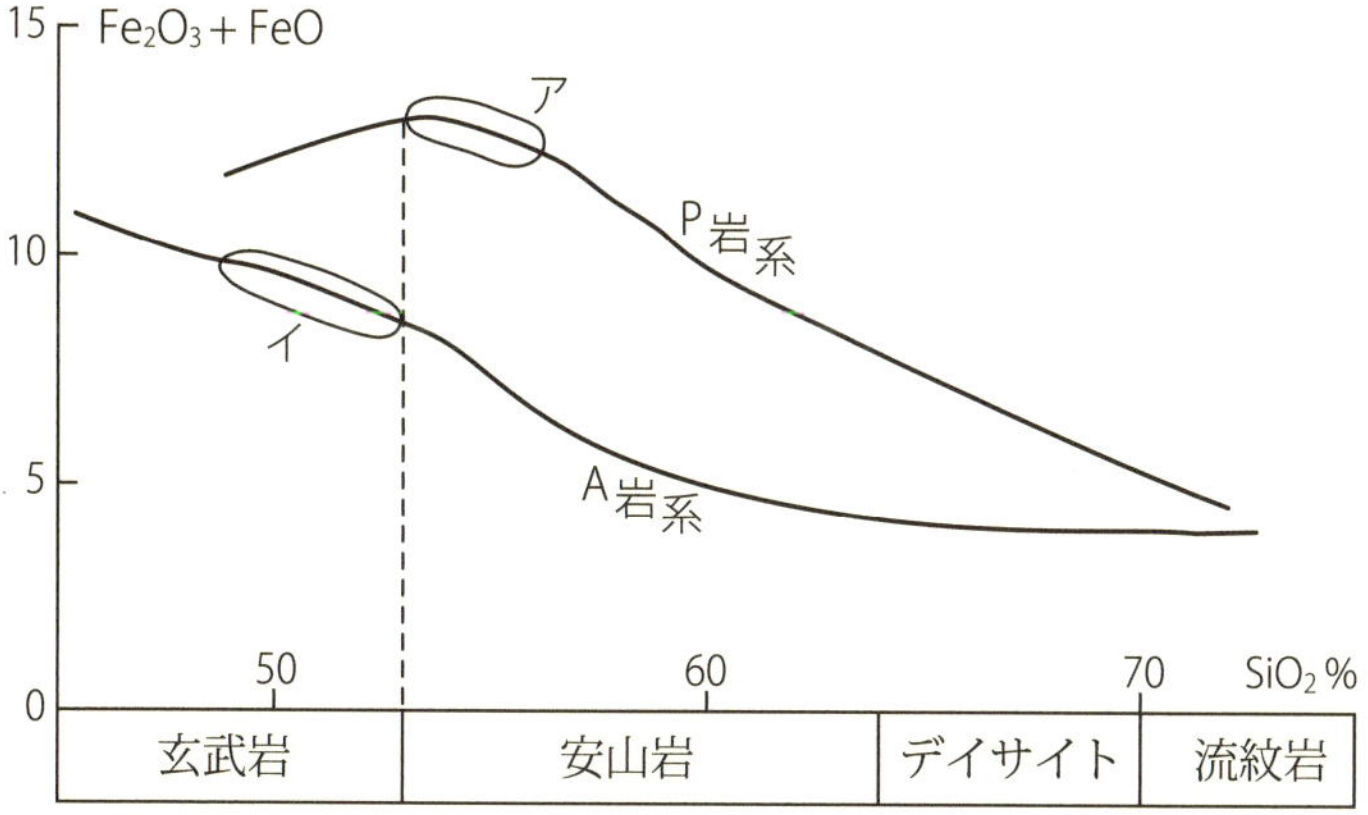

図3－1　火山岩の岩系によって鉄の量が異なり、安山岩のほうが玄武岩よりも鉄が多い場合がある。

化珪素 SiO_2 が増加して玄武岩から安山岩に変化していくとき、初め鉄 Fe_2O_3 + FeO の量が増加して玄武岩と安山岩の境界付近で最大になり、その後は他の系列と同じように減少していく。

このうち、安山岩のアの部分の鉄の量を、A岩系（アルカリ岩系）の玄武岩のイの部分と比較すると、アのほうが鉄が多い。したがって、アは安山岩であるにもかかわらず、イの玄武岩よりも鉄が多い。

そのため鉄の量だけに注目して比較すると、安山岩のほうが玄武岩よりも色が黒くなる場合が出てくる。

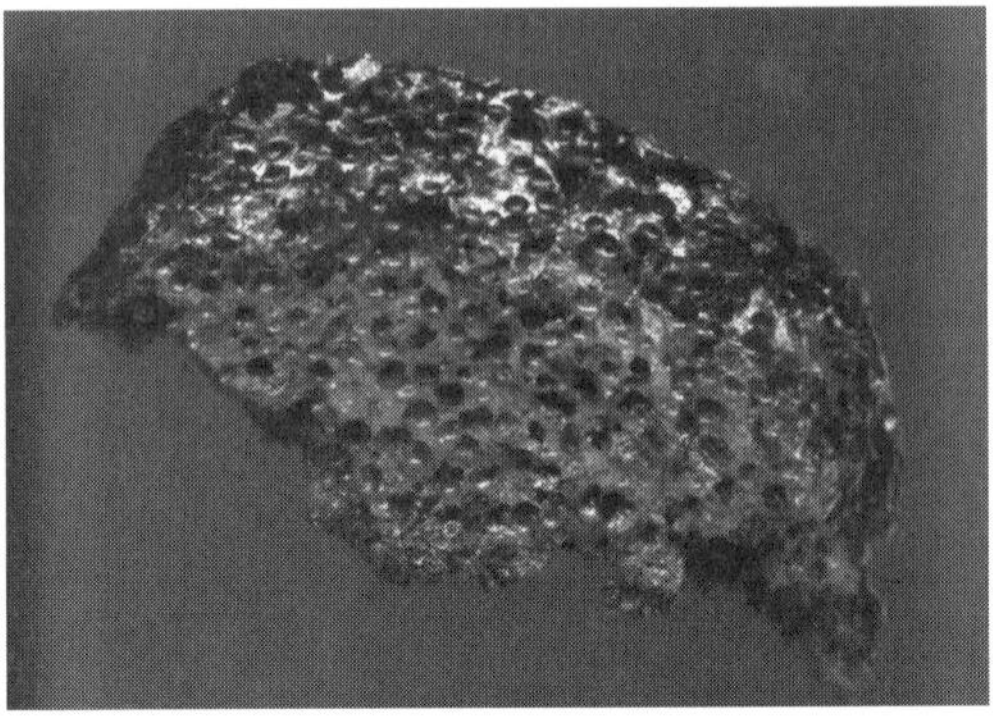

写真３－２　ハワイ島での新鮮な玄武岩溶岩。玄武岩だから黒いのだが、空気に触れた上側は特に冷却が速く、真っ黒なガラスになっている。長さ 6.5cm。

ガラス質でも黒く見える

もう一つは冷却速度が速くてガラス質になっている場合である。ガラスが多いとなぜ黒く見えるのか。それはガラスが多い岩石は結晶が多い岩石よりも光の乱反射が少ないからである。

ガラスは破面が滑らかなために光が表面で乱反射しにくいのに対して、結晶は劈開《へきかい》というその結晶特有の割れやすい性質や結晶面があるのでそこで乱反射しやすい。そのため、ガラスでは一部の光は反射するものの、大部分の光は中に入って行く。入った光は中で吸収されて、戻って来る光は少ない。だから黒く見える。

そのため、ガラスの少ない玄武岩とガラス質の安山岩を比べると、安山岩のほうが黒く見えることがある。溶岩が同じ速さで冷えるとき、二酸化珪素が多いほどガラス質になりやすい。そのため玄武岩よりも安山岩のほうがガラス質になりやすく、したがって黒くなりやすい。

写真３－３　黒曜岩。鉄が少ない酸性岩なのにガラスであるために黒い。幅はおよそ 8cm。

以上の二つの場合では、色だけに気を取られて安山岩か玄武岩かを決めると失敗をする。これを防ぐには、斑晶や石基もよく観察しなければいけない。私が学生だったとき、岩石学の野外授業で、教授の先生に「色には気をつけなさいよ」と人生訓を含めて指導されたことがある。

溶岩の表面は空気に触れて急冷するが、少し内側は表面ほどは急冷しない。そのため安山岩や玄武岩の溶岩の断面を見ると表面部分が黒光りしていることがある（写真３－２）。これは表面にガラスが多いためである。

黒曜岩は流紋岩の一種なので白っぽいはずだが、その名の通り黒い。黒曜岩はほとんどガラスだけでできているためである（写真3－3）。

石に限らず衣服でも夜空でも、黒く見えるということは、そこから光が来ないということである。黒く見える黒曜岩を叩いて粉にすると本来の色である白になってしまう。それは表面で乱反射するからである。これに水をかけるとまた黒っぽくなる。水が乱反射を防ぐからである。青いズボンが雨に濡れると紺色に見えるのは、服の表面での乱反射が減るからである。

4章　火山ガス

火山ガスの成分

軽石が穴だらけなのはマグマ中で発泡が起こった結果である。したがって、軽石を考えるにあたって火山ガスがどのようなものなのかを知ることは重要である。以下、火山ガスについて見ていこう。

＊

黒板に山を描き、それが火山であることを示したいときは、山頂に煙を加えればそれですむ。まことに便利であり、そのくらい火山ガスは火山にとって象徴的なものである。火山ガスは、ふつう大部分が水蒸気である。そのため、これが空気に触れて冷やされて水滴になり、白い煙のように見える。ヤカンで湯を沸騰させたときに見える湯気と同じことである。

水蒸気にははじめからマグマの中に溶け込んでいたもの、地表から染みこんだ地下水がマグマの熱で温められたもの、そして量は少ないが、地下の堆積岩中の水成分がマグマに加熱されて出てきたものなどがある。

水蒸気以外の成分をみると、高温のガスと低温のガスでは成分が異なる傾向がある。高温のガスには塩化水素 HCl、二酸化硫黄 SO_2 と、少量のフッ化水素 HF、水素 H_2、一酸化炭素 CO が含まれている。低温になると塩化水素 HCl、フッ化水素 HF、一酸化炭素 CO はなくなり、二酸化硫黄は少なくなる。また、硫化水素 H_2S、二酸化炭素（以下、炭酸ガス）CO_2 が多くなり、少量の窒素N_2も含まれる。以上は傾向であって、表4－1に示した実際の測定例を見ればわかるように、例外はいくつもあって単純ではない。ただし、水蒸気が大部分を占めていることだけは共通している。

火山ガスの採集・分析法

盛んに噴火をしている火山から火山ガスを採取することは危険なのでほぼ不可能である。そこでいろいろな工夫が行われている。

表4－1に示した成分のうち、フッ化水素HFから炭酸ガスCO_2までの五成分はアルカリ溶液と反応して溶ける。アルカリ溶液には水酸化カリウムKOH、または水酸化ナトリウムNaOHの水溶液を用いる。この溶液に火山ガスが接触すれば溶液中に溶け込むから、これを実験室に持ち帰って化学分析すれば五成分の量比がわかる。なお、SO_2とH_2Sの比は別に分析する。

ただし、量は少ないものの、アルカリ溶液に溶けないガスがある。窒素N_2、水素H_2、メタンCH_4、アルゴンAr、ヘリウムHeなどである。これらはガス採集のときアルカリ溶液に溶け残るガスResidual

表4－1　火山ガスの化学成分 (1) (2) (3) (4) (5)

火山	年	温度℃	H_2O	アルカリに溶けるガス HF	HCl	SO_2	H_2S	CO_2	Rガス N_2他
伊豆大島三原山	1986	526	96.9	0.3	18.6	0.3	0.14	80.6	−
	1986	372	95.6	0.4	2.7	0.04	0.01	96.8	−
北海道十勝岳	1989	356	95.6	0.1	3.5	45.4	14.6	36.2	0.2
霧島新燃岳	1992	113	98.1	−	−	0.79	22.5	76	0.71
九重硫黄山	1979	112	97.6	−	3.0	5.4	33.7	57.9	−
草津白根空噴	1977	93	97.1	−	−	0.22	88.3	11	0.51

H_2O以外のガスを100%に換算してある。

Gasということで R ガスと呼んでいる。

問題はどのようにして人が安全に、ガスを溶液に吸収させるかである。その例として以下のような例がある。噴火がおとなしいときに、アルカリ溶液の入った容器をガスが来るところに置いておき、頃を見計らって交換する方法である。

また、ビニールのパイプをガスの出口、つまり噴気孔に固定して、安全な所までパイプを延ばす。ここでガスを吸引して採取する。人が噴気孔に接近できる場合は、アルカリ溶液を入れた注射器のような器具でガスを吸引する。こうすればガスは直ちに溶液に吸収される。

いずれの場合も、周囲に空気があるので、これがガスに混入する場合は窒素や炭酸ガスなどは測定できない。そのため、ガスを採る人は空気が混入しないようにさまざまな細心の注意をしている。また、水蒸気量の測定にもいろいろな工夫がなされている。

以下、具体的な火山ガスの例についてのべよう。

草津白根山

一九七六年八月に、草津白根山《しらねさん》で女子高生二人と教員一人が火山ガスで死亡するという事故があり、大きく報道された。表4－1(前ページ)の最下欄にはこの火山の分析値が示してある。ただし、これはガスの採集が事故の翌年であり、場所も事故現場とは違うようなので、事故のときと成分が違うはずである。

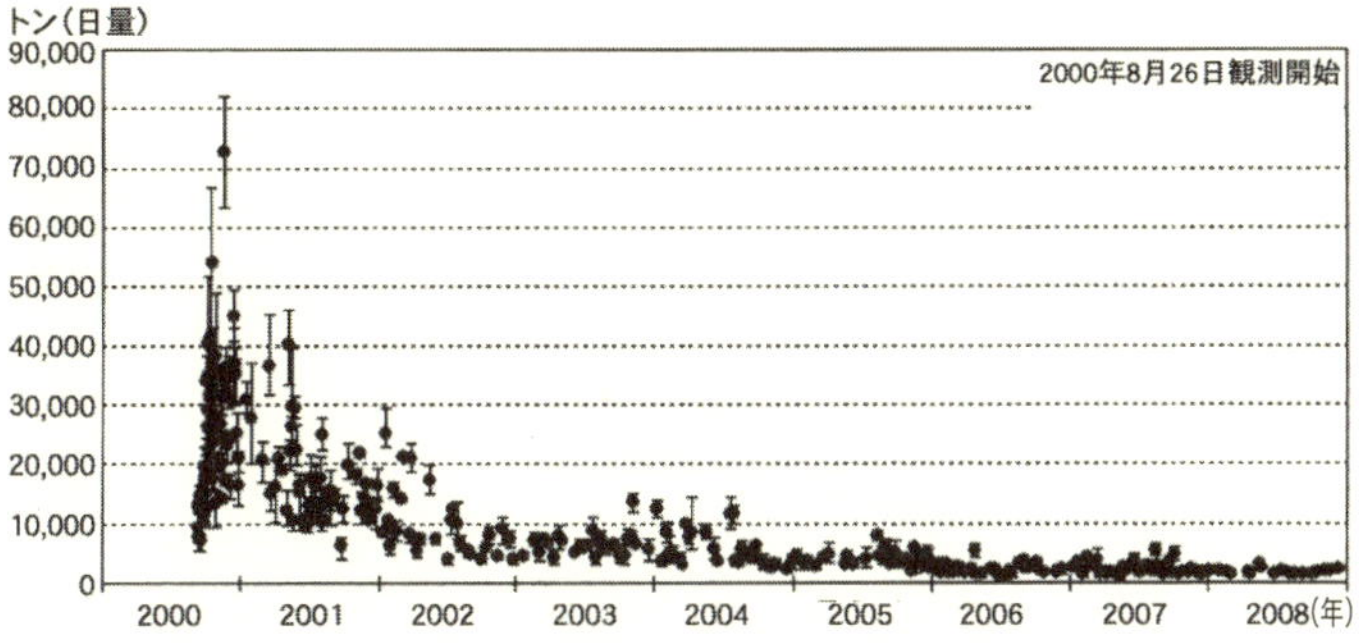

図4－1　三宅火山の二酸化硫黄の１日当たりの噴出量（気象庁ホームページより）。

しかし、ほかのガスと違って硫化水素が異常に多い。硫化水素はごく微量だと臭いでわかるのだが濃度が濃いとわかりにくいという。そのため事故にあった可能性がある。このように、登山に当たっては安全のため、風向きも含めてガスに注意する必要がある。

三宅島

二〇〇〇年八月からの三宅島の噴火では莫大な、世界的にも珍しい量の二酸化硫黄が噴出している（図４－１）。噴出量は最大一日八万トンに達し、二〇〇九年現在でも一日一〇〇〇から三〇〇〇トンの二酸化硫黄が噴き出している。[6]ガスは一時期、強い南風に流されて甲府盆地で臭いを感じ、最も遠くでは新潟でも異臭が感じられたと報じられた。二酸化硫黄は前記の草津白根山の硫化水素と同様、有毒なために吸うと危険である。

二酸化硫黄は空気よりも重い。強風のときはガスが飛ばされてしまうということもあるが、穏やかな風が集落の方

写真４－１　カメルーンのニオス湖(8)。湖左手前の滝から左下に谷がのびており、ガスがここを流れ下った。撮影：平林順一氏。

向に吹いていると危険である。そのため長期の全島避難になってしまった。いまでは避難指示が解除されたので島への立ち入り規制はないが、ガスマスクの常時携帯が義務づけられている。

空気中の二酸化硫黄の測定は紫外線を利用している。一つは、ガスに紫外線を当てて発生する蛍光の量から測定する方法であり、もう一つは、紫外線が二酸化硫黄ガスを通過すると三〇〇ナノメートル付近の紫外線が吸収されるので、この量から濃度を求める方法である。

こうした計測をヘリコプターなどで上空を飛びながら行う。これ以外に、ガスが電解液に溶解すると酸性側に変化するので、その量からガス濃度を測定する電気化学的方法も行われている。

ニオス湖

一九八六年八月二一日夜九時ごろ、西アフリカのカメルーンにあるニオス湖で大量の炭酸ガスが噴出した。水深二二〇メートル、大きさ一・九×一・二キロメートルの火口湖であるニオス湖に、下のマグマから多量の炭酸ガスが供給されたのである。

炭酸ガスは水溶性であるために湖水に高濃度に溶け込み、天然炭酸水になってしまった。それが何かのきっかけで湖面から爆発的に噴出したらしい。その後測定した湖の炭酸ガスの濃度は水深二〇〇メートルまでの測定で、深いほど高くなっていた[7]。

炭酸ガスは空気よりも重いので湖をすっぽりと覆った。ニオス湖を囲む斜面では湖面から高さ一〇〇メートルまでにいた人や家畜はすべて死んだ[8]。このことから、ガスが湖の上一〇〇メートルまで覆ったことがわかる。ここから溢れたガスは写真4－1の湖から左（北）側に伸びる谷に沿って流れ下った。炭酸ガスは無毒であるがこの中に入れば窒息死する。そのため、死者はニオス湖周辺だけでなく、ここから一〇数キロメートル下った村にまで及んだ。

ニオス湖周辺では、ガスの充満に気付かないまま、あまり苦しまずに突然の死を迎えたようにみえた。ベッドで睡眠の姿勢のまま窒息死していた人が多かった。石油ランプにはまだ石油が残っているのに灯が消えていた。鳥や昆虫のような小動物は死んだものが多かったが、生き残ったものも少なくなかった。植物はほとんど被害を受けなかったようである。

しかし、七～八キロメートル下った村では手に懐中電灯を持ったまま死亡している人がいるので、ガスが襲来してから死亡するまでにやや時間があったことがわかる[9]。この結果、全部で一七〇〇人もの住民が死亡し、牛を中心とする三〇〇〇頭の家畜が死んだ。

複数の生存者の話では、初めゴロゴロという音が湖のほうから聞こえ、腐った卵のような、または火薬のような臭いがし、また、暖かい感じがした。そのすぐ後に意識を失った。二時間から三六時間後に意識を回復したが、しばらくは力が抜けたように感じ、感覚が混乱していた。湖岸の斜面では植物が損傷を受けていた。このことから、爆発的なガス噴出に伴って高速の波が湖岸を襲ったことがわかる。ガス噴出二日後の調査では、湖面は静かだったが水は茶色に濁り、植物の破片が多量に浮いていた。

後の測定で、ガスには硫化水素や二酸化硫黄は含まれておらず、ほとんどが炭酸ガスだった[10][11]。最初火山ガスに含まれていたはずの水蒸気は、湖水で冷やされて水になってしまったということであろう。

これとよく似た事件がこの二年前に同じカメルーンで起きていた。ニオス湖の東南九五キロメートルのジンドン湖でやはり炭酸ガスが発生し三七人が死亡した。このときは白い霧が低いほうに流れ出し、この中に入った人々はごく短時間に死亡した[8]。

5章　軽石の性質と判別法

軽石の形成

軽石は穴だらけのガラスであり、これが軽石の大部分を占めている。軽石が水に浮くのはガラスが多孔質、つまりたくさんの穴を含んでいるからである。ガラス自身は比重が二・五ほどであるから、軽石を叩いて粉にすると穴がなくなり水に沈んでしまう。鉄製の船が底に穴が開くと沈んでしまうのと同じことである。軽石は水に浮くので浮石《ふせき》と呼ぶこともあるが、最近はあまり使わない。

＊

マグマ中で水蒸気は、地下では高い圧力を受けているために気泡になれず、マグマに溶け込んでいる。水の分子が散らばって溶け込んでいるのだから、気体でも液体でも、ましてや固体でもない。しかしマグマは少なくとも七〇〇℃を超す高温なので水蒸気と呼んでおく。

水蒸気の量はマグマによって差があり、重量で数パーセント含むものからほとんど含まないものまである。水蒸気は高い圧力を受けているうちはマグマに溶け込んだままでいる。しかし、圧力が減少すると、水蒸気の圧力が外圧に勝って気泡となる。

マグマが上昇すると外圧が減少する。何らかの原因で地下のマグマ溜まりから地表に通じる穴が開くと、この穴を通ってマグマが地表に向かって上昇することになる。これが地表に届くと噴火になる。この地表に向かって通じた穴を火道《かどう》という。マグマが火道を上昇するにつれて圧力がどんどん下がっていく。圧力が下がると中にとけ込んでいた水蒸気が泡になって分離し始める。上昇するとさらに発泡が進む。つまり泡の数が増え、泡のサイズも大きくなる。

水蒸気を多量に含んでいるマグマほど穴だらけになる。上昇するにつれて発泡が進むと同時に温度が下がるので、マグマは粘っこくなり、やがて固まる。これが火道を上昇しながら細かく砕かれて、多孔質、つまり穴だらけの岩片になって火口から空中に吹き飛ばされたものが軽石である。特に細かくなったものは火山灰となる（図5－1）。

このとき軽石は高温ではあっても、すでに固体になっている場合が多い。しかし、まだ内部が固まり切らない軟らかい軽石もあり、こうした軽石は噴出後もわずかながら発泡を続けることが

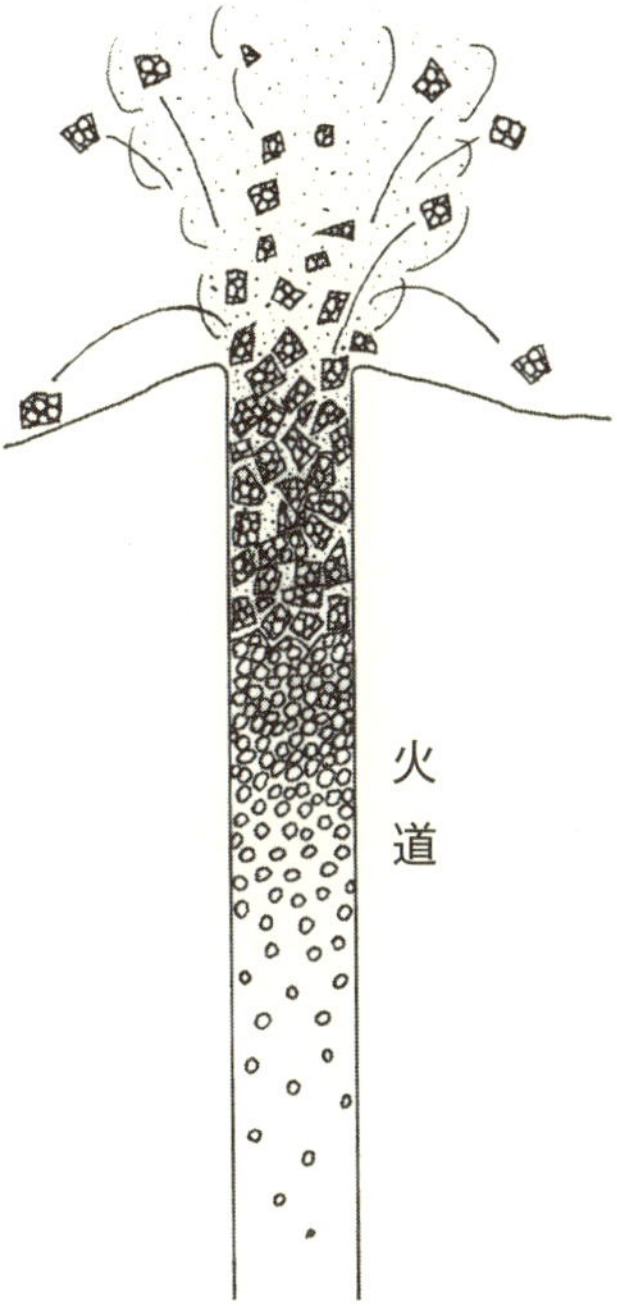

図5－1　軽石形成のイメージ図。マグマは火道を上昇すると圧力が減って発泡が始まる。上昇するにつれて発泡はどんどん進む。やがて固まり粉砕され、軽石と火山灰になって噴き上げられる。

ある。この発泡を遅延発泡《ちえんはっぽう》という。

なお、最初から水成分が少ないマグマではほとんど発泡せず、火口から液状のまま流れ出ることになる。これが溶岩である。

マグマの粘性と発泡との関係

マグマは成分によって粘性、つまり粘っこさに差がある。二酸化珪素SiO_2が少ないほど粘性が小さい。つまりさらさらしている。玄武岩がその代表である。それに対して、二酸化珪素が多いと粘っこくなる。デイサイトや流紋岩がこれに当たる。

マグマが地表に達して溶岩となって斜面を流れ下るとき、玄武岩だと流れが速いので走っても追いつかれて危険であるが、デイサイトや流紋岩なら歩いて逃げられる、というのがおおよその目安であろう。ただし、流れ出したときは高温で流れが速いが、流れるにつれて次第に冷えていくから動きが遅くなる。

このように、マグマは成分によって粘性に差がある。マグマ中に気泡が発生したとき、気泡は軽いから玄武岩マグマでは上部に浮き上がり、さらにマグマから外に逃げていきやすい。それに対してデイサイトや流紋岩のマグマではねっとりしているために気泡が移動しにくく、移動してもごくゆっくりとなり、水蒸気はマグマの外に逃げにくい。だから、たくさんの気孔を含んだ軽石のような岩石はデイサイトや流紋岩成分の岩石が多く、玄武岩の場合は少ない。加えて、マグマ中の水の含有量はデイサイトや流紋岩よりも玄武岩のほうが少ない傾向があるので、玄武岩成分の軽石構造の岩石はますます少なくなる傾向になる。

発泡の程度

軽石中で気孔がしめる割合は八〇パーセントを超すことが少なくない。つまり、発泡前に比べると、全体の体積が五倍またはそれ以上に膨らむということである（表7－1・10－1）。

明神礁の噴火を調査した小坂丈予氏によれば、一九五二年に明神礁で採集した軽石には極端に発泡度が高いものがあり、まるでカニの泡のようであり、みかけ比重が〇・一ほどのものまであったという。その軽石は柔らかくて握りつぶせるほどであり、顕微鏡で見ると隣り合った気泡の境はごく薄いガラスの薄膜のみだった、という。

軽石を作っているガラスの比重を二・五とすると、軽石のみかけ比重が〇・一なら二五倍にふくらみ、気孔の占める体積は九六パーセントだったということになる。

これは薄いガラス膜の集合体みたいなものだから、なるほど押せばつぶれるであろう。通常の噴火なら、こうした特に発泡の進んだ部分は噴火の過程で細かく砕かれ、ガラスの欠片、つまり火山灰になってしまうであろう。

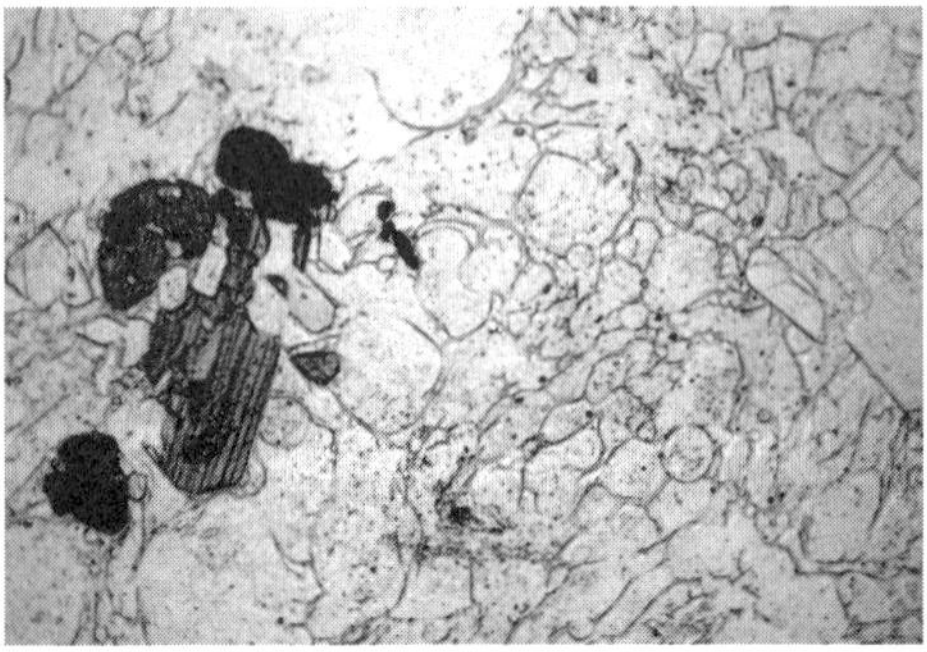

写真5－1　明神礁で一九七〇年に噴出した、みかけ比重が約〇・二の軽石の顕微鏡写真(1)。

明神礁が海底火山であることが、このように発泡の進んだ軽石が生じたことに関係しているのであろうか。ただ、本書で紹介する海底火山起源の軽石にはこのように発泡した軽石は見出せない。軽石は漂流中に角が取れて容易に丸くなる。このことから明らかなように、軽石はつねに削られる。したがって、もし噴火直後の軽石にこうした軽石が存在していた場合、発泡が進んで摩擦に弱い軽石は真っ先に削れてなくなってしまうに違いない。

同じ明神礁で一九七〇年に噴出した、みかけ比重が約〇・二という軽石の顕微鏡写真が小坂氏の論文に掲載されている[1]（写真5－1）。この軽石もガラスの比重を二・五とすれば、一三倍に膨らみ、気孔の占める体積は九二パーセントという計算になる。これも発泡が非常に進んだ例である。

軽石の色を決める化学成分

ふつう軽石は白～灰色系のことが多く、次第に色が濃くなって黒くなるとスコリアと呼ぶことが多い。scoria《スコリア》の日本語は岩滓《がんさい》であるが、ふつうはスコリアという。滓の字が難しいためであろう。なお、軽石の英語はpumice《パミス》である。

色の差は第一に鉄をどれだけ含んでいるかという化学成分の差の反映である。ふつう軽石は流紋岩やデイサイトのときは白か灰色であるが、安山岩になると灰色から黒灰色になり、玄武岩だと黒いスコリアになる。

黄色やオレンジ色の軽石は、はじめ白～灰色だったものが、噴出直後のまだ高温のうちに軽石に含まれている鉄が酸化して付いた色で、鉄錆《てつさび》と同じ色である。白い軽石はスコリアとは違い、赤っぽいものがわずかに加わっただけでも色が付きやすい。水でうすめた赤インクを服にかけてしまったとき、服が白ければ赤が目立つが、紺のGパンだと薄いインクの色はわかりにくい、ということと同じことである。

砂丘の中には風化して黄土色になった軽石が含まれていることがある。こうした軽石は指で軽く押しただけで煙のような粉を出してつぶれてしまうことがある。

スコリアは濃いレンガ色になることがある。これは噴出直後に空気中の酸素に触れて、含まれている鉄が酸化するためで、赤味は鉄錆と同じ酸化鉄の色である。スコリア本体は黒いのに赤茶色が目立つのは、含まれている鉄の量が多いために酸化してできる酸化鉄の量も多いためである。

なお、玄武岩質マグマは、デイサイト質や流紋岩質マグマよりも含んでいる水蒸気の量がふつう少ないため、多孔質になることが少ない。そのためスコリアの総量は軽石よりもずっと少ない。

穴の大きさや密度でも色が変わる

軽石の色に影響を与えるもう一つの要素がある。一つの軽石サンプルでも色が不均一のことがよくある。たとえば数ミリメートル幅で白と灰色の縞模様が繰り返す場合や、一つのサンプルの片側は灰色だが反対側はかなり黒いという例である。

後に述べる福徳岡ノ場から漂着した軽石は後者の例で、灰白色から黒灰色に少しずつ変化していき、境界線は引けない。色の異なる部分を別々に化学分析をしてみると成分が変わらない。この場合の色の差は化学成分、つまり鉄の量にあるのではなくて、軽石の穴の大きさや密度の差によっていると思われる。

このように、軽石の色は鉄の量だけではなく、ガラスの構造によっても異なる（7章120ページ参照）。

軽石をパンと比べると

軽石と同じように穴がたくさん空いている食べ物のパンと比較するとこうなる。はじめパン粉を水で練ったときには穴が空いていない。練ったパン粉の中にはイースト菌が入れてあり、体温程度の温度においておくと菌が発酵をして炭酸ガスを出す。これで小さな穴がたくさんできる。これを焼くと穴はさらに大きくなり、パンができあがる。これが軽石である。パン粉をこねて直ぐ焼いてしまうと穴がないから、ビスケットかパンの耳のようになる。これが溶岩である。

軽石では、マグマの中を泳いでいた結晶は、冷えたときにガラスの中に斑晶として収まる。パンでいえば、練ったパン粉がマグマの液体部分で、パン粉を練るときに入れた干しぶどうはマグマの中を泳いでいた結晶である。焼き上がったぶどうパンのぶどうが斑晶であり、周りのパンの部分が穴だらけのガラス（石基）である。

軽石を分類する方法

肉眼的特徴

沖縄本島の西海岸で初めて軽石を採った後、周辺離島の海岸でも採集を続けた。集めた軽石を整理すると、どの海岸で採ったものもいくつかの共通した肉眼的特徴から、いくつかのタイプに分類できた。しかし、同じタイプに分類された中に異なる二種類の軽石が含まれている心配もあった。

一般に、一つの火山の一回の噴出物は、軽石でも溶岩でもいろいろな性質がかなり共通している。逆に、同じ火山でも時代が違う軽石や、別の火山の軽石は、詳しく調べれば区別できる。軽石や溶岩を分類するとき、先述した通り色などの肉眼的特徴が大事な要素であることは間違いない。でも、別の要素も使わないと、正確な分類はできない。軽石ではどのようなことが詳しい分類の基準になるだろうか。

鉱物に注目

一つは、斑晶として何と何が含まれているかである。これを斑晶の鉱物組み合わせという。これはそれぞれのマグマによって異なる個性である。だから、この鉱物組み合わせを見れば、同じか異なるかがある程度区別できる。これは偏光顕微鏡があればできる。ただし、軽石は石基が発泡して、ふつう五倍以上に膨張しているため、溶岩に比べて同じ体積当たりに含む斑晶の量が少ない。そのため、軽石を切断してプレパラートを作っても、斑晶が見えなかったり、一部しか出てこないことが多くうまくいかない。

これを避けるには、軽石をつぶして粉末にし、ガラスを水で洗い流して斑晶を集める必要がある。こうして集めた斑晶をプレパラートに載せて顕微鏡で調べる（巻末附録参照）。

しかし、これだけでは区別し切れない場合がある。そのときは、鉱物の成分に注目する。たとえば同じ長石が含まれていても、その中のナトリウムとカルシウムの含有比が軽石によって異なる。だから、これを詳しく調べて比較すると同じかどうかが区別できる。つまり、含まれている鉱物の種類と成分を比較して軽石を判別する方法である。

化学成分を調べる

軽石同士を区別する一番いい方法は、軽石そのものの化学成分の比較である。すでに述べた通り、軽石はマグマが急冷してできたために、大部分がガラスである。軽石と溶岩とを比較すると、斑晶はマグマの中で泳いでいた結晶なので、軽石と溶岩に差はない。ところが、斑晶を取り巻く石基には気孔の有無以外に大きな違いがある。

溶岩は火山岩だから冷却速度が速いのだが、軽石と比較すればゆっくりしている。そのため、溶岩の石基には、粒は細かいが沢山の結晶ができている。これを顕微鏡の倍率を上げて詳しく観察すると、鉱物の組み合わせがマグマによって異なることがわかる。だから、これをもとに溶岩をさらに詳しく分類することができる。

ところが、軽石は石基がガラスであるために溶岩のような方法は使えず、ガラスの屈折率を比較するくらいである。そこで力を発揮するのが化学成分の比較である。これは成分を数字で比較できるので都合がいい。

私がこの研究を始めたとき、幸いに原子吸光分光分析計という器械が大学で購入できた。この装置を使えば、洗浄・粉砕などの処理を経て粉末にした軽石サンプルが〇・一グラムあれば、軽石の主成分のうち鉄・マンガン・マグネシウム・カルシウム・ナトリウム・カリウムの六成分の量が測定できる。

これを利用して漂着軽石を片っ端から化学分析した。その結果出てきた六成分の量そのものや、

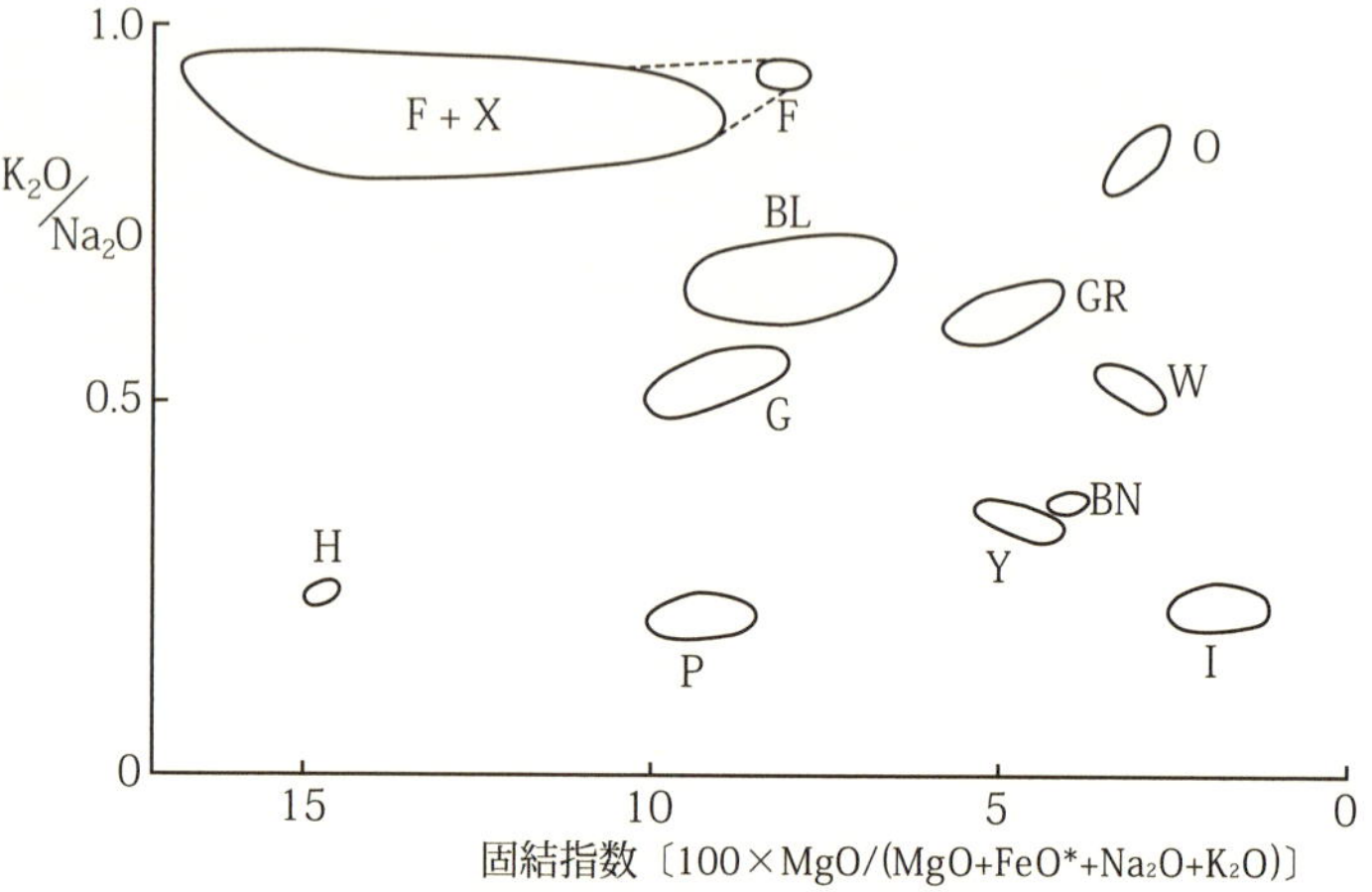

図5－2　固結指数－K_2O/Na_2O 図。軽石の化学成分がタイプごとに重ならず異なった位置に示せる。F+X は福徳岡ノ場軽石から捕獲岩を除去していない軽石の成分。

それらの比を縦軸・横軸にとったグラフの上で比較をしてみた。

いろいろなグラフで試みたが、目で見た特徴が明らかに違うのにグラフでは同じような所に重なり、うまく区別できないグラフが多かった。

そうした中で、縦軸に K_2O / Na_2O、横軸に MgO / (MgO + FeO* + Na_2O + K_2O) をとったグラフが、ほかのどのグラフよりも重なりが少なくプロットできた[2]（図5－2）。なお、ここで横軸にとった比は、マグマの固結に伴う成分変化を見るのによいとして提案された固結指数と呼ばれる値であり、FeO* は二価と三価の鉄の合計 0.9 × Fe_2O_3 + FeO である。

軽石のタイプ別化学組成

各タイプの軽石について化学分析を行った中から、西表海底火山を含めた代表的な軽石の化学組成を表に示す（九〇ページ・表5－1・5－2）。この表を見ると、西表海底火山の軽石Ⅰは二酸化珪素 SiO_2 が最も多い。

一般に二酸化珪素が多いと Na_2O と K_2O が多いのだが、西表海底火山の軽石Ⅰについては K_2O が著しく少ない。このことがほかの軽石と比較して最も目立つ特徴である。

これに似た成分の噴出物に、有珠火山の一六六三年噴出軽石 Us-b がある。この噴火は有珠山頂付近で始まり、東方に大量の火山灰と白い軽石を降らせた。この厚さは山麓で一～三メートルあり、有珠火山の歴史時代噴出物の中で最大規模のものである。この噴出物の総量は二立方キロメートルと見積もられており、西表海底火山の一立方キロメートルとほぼ同規模である。このように、西表海底火山と有珠 Us-b は、化学成分が互いによく似ているだけでなく、噴出量も似ているのである[3]。

表5－1　琉球列島漂着軽石のタイプ別一覧表

タイプ	肉眼的観察				サンプル数比	岩石名	軽石・スコリアの別
	色	穴の大きさ*1	鮮度	その他			
I*2	灰白	小（～中）	新鮮	岩片を少量含む	多	流紋岩	軽石
O	橙	小（～中）	弱風化		中		
W	白	小	弱風化		中		
Y	淡黄	小（～中）	弱風化	岩片を少量含む	多	デイサイト	
GR	灰	小	弱風化		少		
BN	灰と白	小	弱風化	灰色と白の縞	中		
G	灰白	小～中	新鮮		中		
P	灰白	小	新鮮	岩片を少量含む	少		
F*3	灰～黒	小～大	新鮮	岩片を多く含む	多	安山岩	スコリア
BL	黒	小～大	弱風化		多		
H	黒	小～中	新鮮	発泡のない部分も	少		

*1 穴の大きさは小は1mm以下、大は1cm以上。
*2 I型は1924年西表海底火山噴出物。
*3 F型は1986年福徳岡ノ場噴出物。I、F型以外のタイプは産地不明。

表5－2　琉球列島漂着軽石の化学成分

Type	H	BL	F	P	G	BN	GR	Y	W	O	I
SiO2	57.65	59.24	63.35	67.62	68.24	69.31	69.48	69.74	71.82	72.82	73.28
TiO2	1.12	0.84	0.55	0.40	0.69	0.36	0.47	0.34	0.18	0.17	0.16
Al2O3	15.25	17.44	16.55	15.37	14.81	14.42	14.30	14.86	12.88	13.97	13.34
Fe2O3	2.76	1.45	1.05	1.01	1.41	0.78	0.72	0.44	0.23	0.39	0.27
FeO	7.57	4.81	3.23	2.65	2.49	2.70	2.68	2.83	1.80	1.16	2.54
MnO	0.22	0.23	0.17	0.12	0.11	0.10	0.09	0.10	0.06	0.05	0.11
MgO	2.56	1.49	1.29	0.89	1.09	0.43	0.56	0.48	0.24	0.26	0.15
CaO	6.99	3.18	2.40	3.88	3.46	2.58	1.87	2.52	1.95	1.94	2.20
Na2O	3.69	5.88	5.34	4.51	4.40	4.78	5.38	4.95	4.00	3.72	4.68
K2O	0.88	4.02	4.99	0.95	2.21	1.72	3.46	1.70	2.04	3.08	1.08
H2O+	1.06	0.76	0.85	2.37	0.77	2.44	0.90	1.83	4.45	2.26	2.01
H2O-	0.09	0.24	0.08	0.16	0.18	0.32	0.04	0.16	0.35	0.16	0.16
P2O5	0.15	0.42	0.16	0.07	0.15	0.05	0.06	0.05	0.01	0.02	0.01
Total	99.99	100.00	100.01	100.00	100.01	99.99	100.01	100.00	100.01	100.00	99.99
岩石名	安山岩			デイサイト					流紋岩		

注1. Fは含まれている捕獲岩片を取り除いた成分。
注2. 岩石名は上の表に示した通りである。ただし、BL・F・GRはアルカリ岩である。アルカリ岩の命名法では、岩石名はBLとFは粗面安山岩、GRは粗面岩となる。

6章　北海道駒ヶ岳

最北の駒ヶ岳

駒ヶ岳と名の付いた名山は日本に六つほどある。これらを互いに区別するために、頭に地名が付いている。そのうち最も北にあるのが北海道駒ヶ岳である。以下、これを単に駒ヶ岳と呼ぶことにする。

駒ヶ岳は大きく見れば円錐形をした成層火山である。この裾野には山を一周するように道路があり、これに沿って移動すると山の形がどんどん変わっていく。JR函館本線でも大沼回りと砂原《さわら》回りで一周でき、形の変化を楽しめる。

形が大きく変わる最大の理由は、円錐形の頂部が、次に述べる一六四〇年の大噴火に伴って大半が失われてしまい、溶岩でできた剣ヶ峯《けんがみね》（一一三一メートル）、砂原岳《さわらだけ》（一一一三メートル）、隅田盛《すみたもり》（八九二メートル）の三つのピークが残されたことにある。

富士山は円錐形にかなり近いために、見る方向による形の差が小さいが、それでも山麓に住む人たちは自分の所から見る富士が一番だと言っているという話をよく聞く。となると、駒ヶ岳の裾野の人たちも、方向による形の変化が激しいのだから、自分が生まれ育った所から見る駒ヶ岳に一番愛着があるに違いない。生まれ育った古里はいいものである。

観光パンフレットでよく見るのは、紅葉に映える大沼から見た駒ヶ岳である。大沼は南山麓にあり、ここから山を見上げると、左に剣ヶ峯がそびえ立ち、右肩に当たるのが隅田盛である。いずれにしても、駒ヶ岳は四方に裾野を広げた独立峰であるために遠くから見て形がよく、渡島《おしま》富士の愛称がついている（写真6－1）。

以下、主に宝田・吉本の著書に従って駒ヶ岳の活動を見てみよう。(1)

写真6－1　有珠方面から噴火湾を隔てて見た北海道駒ヶ岳。撮影：小林哲夫氏。

噴火で津波が発生──一六四〇年山体崩壊

駒ヶ岳は三万年以前に活動を始め、溶岩を流した後は火山灰で代表される火砕物《かさいぶつ》が繰り返し降ったり（降下火砕物）、流れたり（火砕流）している。

火砕物とはマグマが破片状に固まって火口から噴出したもので、火山灰や軽石はこの代表である。これが降り積もったものが降下火砕物、高温のまま斜面を高速で流れ下るものが火砕流である。

一六四〇（寛永一七）年に山体の頂部が大崩壊して、なだれのように高速で崩れ落ちる岩屑《がんせつ》なだれが発生した。崩壊はまず山体南側で発生し、岩屑が河川を堰《せ》き止め、その結果大沼や小沼ができた。

次に東側で崩壊が始まり、岩屑は斜面を下り、ブラストを伴って噴火湾に流れ下った。東岸の出《で》来澗崎《きまざき》はこのときにできた。ブラストとは重い火砕流の一種である（図6－1）。

この後プリニー式噴火に移行して、軽石が降ったり火砕流が流れたりした(2)。この噴火は次に述べる一九二九年の噴火よりも数倍大きく、駒ヶ岳噴火史の中で有史以来最大のものである。

ところで、海に流れ落ちた岩屑なだれは津波を起こした。津波は噴火湾対岸、有珠山《うすざん》西麓の

図6－1　1640年、駒ヶ岳噴火の経過(2)。

蛇田《あぶた》も襲い善光寺の裏山まで到達したという。この津波で七〇〇人余りの死者が出た。

雲仙東麓の眉山でも山体崩壊

これに似た山体崩壊による津波は、長崎県雲仙岳《うんぜんだけ》の山麓でも起きている。一七九二（寛政四）年、雲仙岳東麓にある眉山《まゆやま》が噴火に伴う地震で大崩落し、有明海に流れ込んだ。この結果大津波が発生して対岸の熊本を襲い、熊本側で五〇〇〇人、島原で一万人、計一万五〇〇〇人の死者が出た。この事件は「島原大変肥後迷惑」と呼ばれている。熊本側での津波の最大波高は、河内で二三・四メートルに達した。[3] 島原沖の九十九島《つくもじま》はこのときの眉山崩壊でできたものである。

津波の大部分は地震によって発生するが、このように噴火に伴って発生することもある。噴火津波ともいう。これらの津波は地震以外の原因でも津波が発生することがある例としてしばしば引用される。

噴火で大量の軽石と火山灰が降下 ―― 一九二九年プリニー式噴火

話を駒ヶ岳に戻す。

一六四〇年の噴火の後も何度か軽石を降らせたり火砕流が発生したりしていたが、一九二九（昭和四）年、大きな噴火があった。

物凄い駒ケ嶽の噴火
（十七日午前十時大沼にて寫す）

写真6－2　噴火の様子を伝える北海タイムス（昭和4年6月19日号）。

噴火に先立って鳴動や小さな地震が来たあと、六月一七日の午前〇時半ごろから小さな噴火が始まり、一〇時ごろから軽石を含む噴煙が上がり、大量の火山灰と軽石を降らせ始めた。噴煙は高度一万四〇〇〇メートルにおよび成層圏に達した。ジェット機が飛ぶ高度よりも高い（写真6－2）。

昼の一二時半ごろから噴火はいよいよ勢いを増し、小規模な火砕流も発生した。一四時の時点で噴煙柱は一万三〇〇〇メートルあり、一四時半ごろからしきりに火砕流が流れた。深夜二四時ごろに噴火の勢いは急激に弱まり、一八日の三時ごろには終了した。

このように、大量の軽石や火山灰が上空高く上がって風下に降る噴火をプリニー式噴火と呼ぶ。イタリア・ベスビオ火山の西暦七九年噴火がこの例で、ローマ帝国の博物学者プリニウスが噴火の様子を詳しく記録したことからこの名が付いている。この噴火でポンペイの街が埋まってしまったことは有名である。

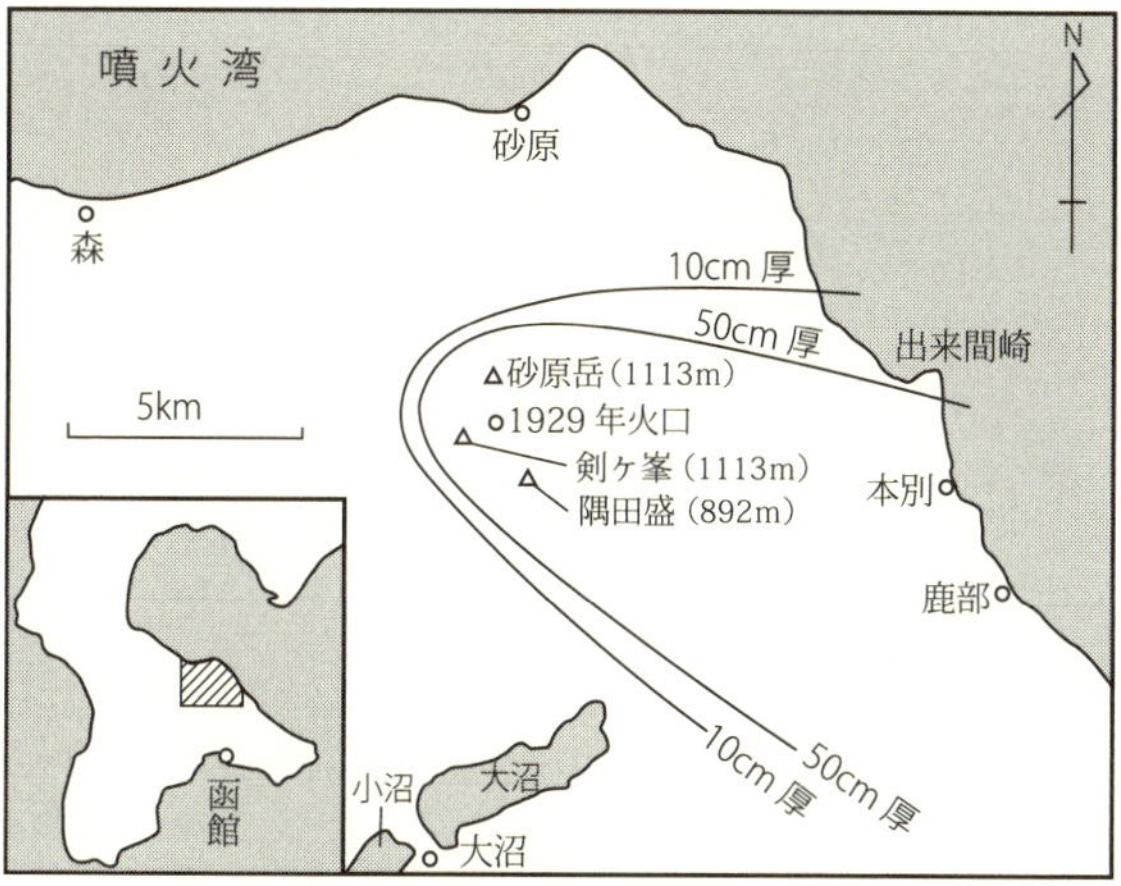

図6－2　1929年駒ヶ岳降下噴出物の厚さ(4)。

駒ヶ岳の噴火が治まった翌日の一九日には、雨のために噴出物に水が混ざって流れ下る泥流が発生し、山麓を襲った。この噴火は一六四〇年以来の大噴火であり、その後も時どき噴火しているがいずれもこれより規模が小さく、一九二九年を超す大噴火は起きていない。

この噴火で鹿部《しかべ》市街地は厚さ一メートル余りの降下軽石で覆われた（図6－2）。被害は死者二人、家屋全焼・全壊三六五戸、半焼・半壊一五〇〇戸だった。

以下、当時の地元の新聞報道から噴火の様子を見てみよう。

「北海タイムス」に見る一九二九年噴火

六月一七日午前〇時半に始まる小噴火について「数台の飛行機が飛び来たったような爆音」と報

じている。この後、一七日一〇時と一二時半から始まる大噴火については記事が豊富である。以下、内容を地域ごとに整理・抜粋して列記する。

各地からの報告

【大沼《おおぬま》】（?）本社特派員の一行は駒ヶ岳に危険を冒して登山しようとしたが、溶岩（写真6－3）が落下し森林は一面火災で目的を達しえなかった。

【大沼公園】巨石を砲丸のように飛ばすのが見える。森林は一面火災。噴煙が上空数哩《マイル》（三～五キロメートル）までもくもく緬羊《めんよう》の毛を積み上げたように盛り上がり少しも動かず、青空にくっきり見える（つまりこの日、一七日は晴天だった）。

【大沼二三日】午後、雨が熱砂に降り、これが蒸発して全山白雲に隠され山は見えず。（熱砂の?）深さ五寸（一五センチメートル）で二二〇～二三〇度（摂氏一〇四～一一〇℃）。

【本別《ほんべつ》・鹿部《しかべ》】径二～三寸（六～九センチメートル）の石が雨のように降り、住民は頭にバケツや金だらいをかぶって徒歩で大沼に避難。

【本別】焼け石のため火事。

【大沼・鹿部間】電車は軌道が二寸（六センチメートル）くらいの溶岩に埋められ運行不能。

【鹿部方面】直径二寸くらいの石塊が矢の如く降り注ぐ。

【鹿部】被害最大。鹿部小学校は一時危険に陥ったが、校長の処置よろしきをえてご真影を奉安するとともに、生徒をいち早く避難させて事なきをえた。消失家屋は市街の三分の一。村役場、小学校焼失。降灰六尺から一丈（一・八～三メートル）。

鹿部郵便局一七日一一時四〇分鳴動さらに猛烈となり、馬鈴薯大の石塊が盛んに落下。降灰三寸（九センチメートル）あり、午後六時ごろの暗さで夕方のよう。電灯消えロウソクをつけて事務をとっている。残留しているのは郵便局員と学校職員のみ。一四時五〇分ついに危険に瀕し重要書類を持って常路《ところ》に避難。以後通信途絶。

写真６－３　北海タイムス（昭和４年６月20日号）に掲載された写真。「溶岩の大きさ」とあるが軽石。この大きさの軽石が降った。

【森《もり》】一七日一一時ますます猛烈で、もの凄い地響きとともに火柱が数千尺（六〇〇～九〇〇メートル）の暗の空に立ち雷鳴を呼ぶ。紫電灼光《しでんしゃっこう》、身の毛のよだつ現象。同時に停電して暗黒の世界となり町民の戦慄は極度に。

【砂原《さわら》村】一七日一七時ごろ、それまでの西北の風が南に変わり降灰、砂原村を襲い、三〇〇〇人が大混乱。

【函館】一七日鹿部村にある水力発電所が溶岩流出で危険に瀕し、従業員が作業を中止したため送電不能になり、函館市内の電車は三〇分間停電で運転に支障。市民一七日一〇時ごろの爆発音でびっくりして戸外に飛び出す。噴煙がはっきり見える。

二二時、火口から吐き出す火煙は火柱となって空高くそびえ、黒煙の中に発光閃《ひらめ》きわたる。市内電車不通で電灯は消え暗黒と化した。時どき震動するので市民は不安がる。

このように、新聞は石や灰が次つぎと降ってくる様子を生なましく伝えている。「石」とか「石塊」「溶岩」などはいずれも軽石のことである（写真6－3）。それは、このとき積もった噴出物が現在駒ヶ岳のあちこちで観察でき、それが軽石と火山灰でできていることからわかる。

鹿部での「溶岩流出」も火砕流が発生したわけではなく、大量の軽石が積もったということであろう。鹿部では火砕流が発生していない。

「焼石」は高温の軽石であり、それらが家の上にある程度積もると火災を起こす。また、降ってくる火山灰も量が多いために、一七日は晴天にも関わらず、上空で灰の密度が高い所では日差しを遮って薄暗くなった。

雷の記述もある。これは火山雷《らい》という。火口から高速で飛ばされた火山灰や軽石が、互いに摩擦することによって静電気が生じ、噴煙の中で放電して生ずる。

山頂から南東方向に当たる鹿部付近が、落石・降灰で被害が最大だった。砂原の記事に、一七時までは北西の風が吹いておりその後南に変わった、とある。また、次に述べる関の論文も、時どき強く吹く北西の風、と述べている。北西の風が吹けば軽石や火山灰は南東方向に流される。鹿部はその方向に当たり、鹿部で被害最大ということと一致する。

一方、鹿部村長から渡島《おしま》支庁への報告として、鹿部村は損害最も甚だしく、全戸数五〇〇戸のうち一七〇戸倒壊し一六戸焼失、降灰の深さ六尺（一・八メートル）に達した、とある。また、海域の降灰については軍艦の艦長から海軍大臣への報告がある。(5)

一七日二〇時、大湊《おおみなと》から厚岸《あっけし》に向けて航行中、襟裳岬《えりもみさき》を通過の際翌朝までに中板上に積灰一寸（三センチメートル）におよんだ、とある。襟裳岬は駒ヶ岳の東方二〇〇キロメートルに当たる。一七日、上空では強い西風が吹いていたのであろう。

一方、最近こんな研究報告があった。釧路市南東部の春採《はるとり》湖でボーリング調査をしたところ、湖底でこのときの火山灰層が見つかった。厚さは五ミリメートルだった。ここは駒ヶ岳から三二〇キロメートルあるが、圧縮されて地層となってもこれだけの厚さに相当する降灰があったということである。(6)

危険な登山を強行

新聞には、噴火の様子を見に登山を強行した、以下二つの記事がある。

【一七日】落石のある中、大沼の人びとは決死的登山を試み、八合目まで行ったが焼石のため起きた山火に遭ってほうほうの体で逃げ帰った。火事は八合目から国有林を総なめにして延焼中。

【一八日一〇時】本社特派員、活動やや静止状態を続けているなか強行軍の登山を試みた。海抜三五〇メートルの所まで降灰三尺〜一丈（九〇センチメートル〜三メートル）。各地で火焔《かえん》を吹きつつあり、（泥流の）下端の（海抜）二五〇メートルの所で過って足を踏み入れたら内部は高温で火傷。危険を冒して海抜五〇〇メートルまで進んだが、これ以上は登れず。（ここの）深さ一寸（三センチメートル）で一六五℃、一・五寸（四・五センチメートル）で一七四℃、一一時二〇分、地表気温二四・八℃を示し、足下の熱はこの山麓にさえ留まることのできぬ有様。泥流のため押し流された植林地帯はいずれも全滅。

このうち、一八日の特派員報告は駒ヶ岳駅からの電話レポートを活字にしている。そのせいか、内容が正確につかみにくい部分があるので、参考までに私の解釈を（　）内に示した。

ここに泥流とある。木が押し流されるという現象は泥流でも起きる可能性はあるが、雨は翌日の一九日になって降っているので、この日は、現在でいう泥流は発生していないはずである。泥流とは火山灰などが多量の水を含んだ流れであり、このとき発生したのは火砕流であろう。当時、火砕流という概念も用語もなかったので、泥流と書いたのは当然である。なお、温度がほかの箇所は当時一般に使われていた華氏表示であるが、ここだけは摂氏と断ってある。

ところで、先述の通り、火砕流は一七日午後に発生し、一八日夜中の三時ごろには噴火そのものが終了している。したがって、登山を強行した一八日一〇時には幸い噴火が終了していた。観察した火砕流は発生してから二四時間経っていない。熱いのは当然である。私はこの記事を読みながらずいぶん無茶なことをするものだと思った。いまこれをやったら大目玉であろう。当時は、火砕流というものの存在と怖さがわかっていなかったことに加えて、「仕事熱心」が自らに実行させたのかと思う。無事でよかった。

火砕流は数百℃の高温のまま、時速一〇〇キロメートルを超える高速で流れ下る。そのため、自分のほうに向かって流れてくる火砕流に気付いたときは、すでに逃げるのが難しい。一九九一年六月に長崎県の雲仙普賢岳で発生した火砕流は、規模が大きくはなかったが四三人の犠牲者が出てしまった。

火砕流の中でも規模が大きい場合は、堆積したあと高温のために軽石が軟らかくなり、穴がつぶれて全体が煎餅のようになってしまうこともある。こうして火山灰全体が固くなってできた緻密な岩石を溶結《ようけつ》凝《ぎょう》灰岩《かいがん》という。

海に落下した軽石が漂流

噴き上がった軽石は南東に向かう風に飛ばされ、途中鹿部方面に落下して大きな被害をもたらしたが、さらにその延長方向の海域にも落下した。一九二四年西表海底火山の軽石漂流を報告にまとめた関は、その五年後に発生した駒ヶ岳のこの噴火についても、軽石の漂流を同じ手法で調査をした。

すなわち、地方測候所と水産試験場に軽石漂流・漂着についての情報と軽石の送付を依頼した。その結果多数の報告があり、これらを一つの論文にまとめている。以下、関の報告に従って述べる。(5)

軽石の落下は鹿部沿岸で最も多く、いかに遠方でも二〇海里（三七キロメートル）を超えず、風下から外れる噴火湾南部には落下の形跡がない。落下した軽石は最大直径五寸（一五センチメートル）くらいで一～二寸（三～六センチメートル）のものが最も多かった。

海面に落下した軽石は、爆発直後は卓越した北西風によって陸奥《むつ》東の沖合に押し出され、さらに、親潮によって次第に南の金華山《きんかさん》沖の方向に漂流した（一〇六ページ・図6－3）。

一部の軽石は津軽海峡を西流し、渡島南西端の白神崎《しらかみざき》を迂回して福山町に達している。この途中の函館について函館測候所からの報告がある。それによれば、函館市東部海岸では六月一九日、直径一寸内外の軽石が海岸から約三〇間（五五メートル）沖まで広がっていた。

函館海岸で軽石採集

北海タイムスにはこれに関連した以下のような記事がある。降下した軽石は一九日の午後に至って潮流に押し流され、函館市の根崎温泉海岸や大森海岸にまで吹き寄せられた。これを拾うべく婦女子はバケツをもって集まり、非常な賑わいである。

また、二四日の同紙には「綺麗な軽石拾い」のタイトルで根崎海岸で軽石を拾っている写真が載っている（写真6－4）。

函館測候所からの報告にある一寸内外とは大きい軽石のことで、当然これより小さい軽石も漂着したはずである。新聞の写真を見ると、バケツに採った軽石は大きくても三センチメートル程度のように見える。人びとは大きめの軽石を選んで拾い集めていたのであろう。

用途・目的については不明だが、大きめのものは風呂場で踵《かかと》の皮を削るのに使える。沖縄などと違って日本の海岸の砂は一般に黒っぽいから、白い軽石が漂着すればきれいに見える。その上、噴火直後なので汚れが全くなく、キラキラするような美しさもあったはずである。風呂場で使えない小さな軽石は単なる興味で、「きれいだと思ったから」採っているのかもしれない。

写真6－4　北海タイムス（昭和4年6月24日号）に掲載された写真。「綺麗な」とあるのは、日本の海岸の砂は一般に黒っぽいので、そこに白い軽石が漂着してますますきれいに見えた、ということだろう。

親潮に乗って南に

関の報告に戻って、再び軽石の漂流状況を見てみよう。南に漂流した軽石は銚子半島の犬吠崎《いぬぼうさき》に達したのを南限としており、これより南では発見の報告がない。これらの軽石は親潮に乗ってさらに南あるいは東に向かって漂流したはずであるが、記録がなく不明である。

海上で船舶が発見したもののうち最も早いのは、青森県水産試験場（当時）の東奥丸《とうおう》が六月二一日朝に目撃した青森県鮫角《さめかど》東二五海里（四六キロメー

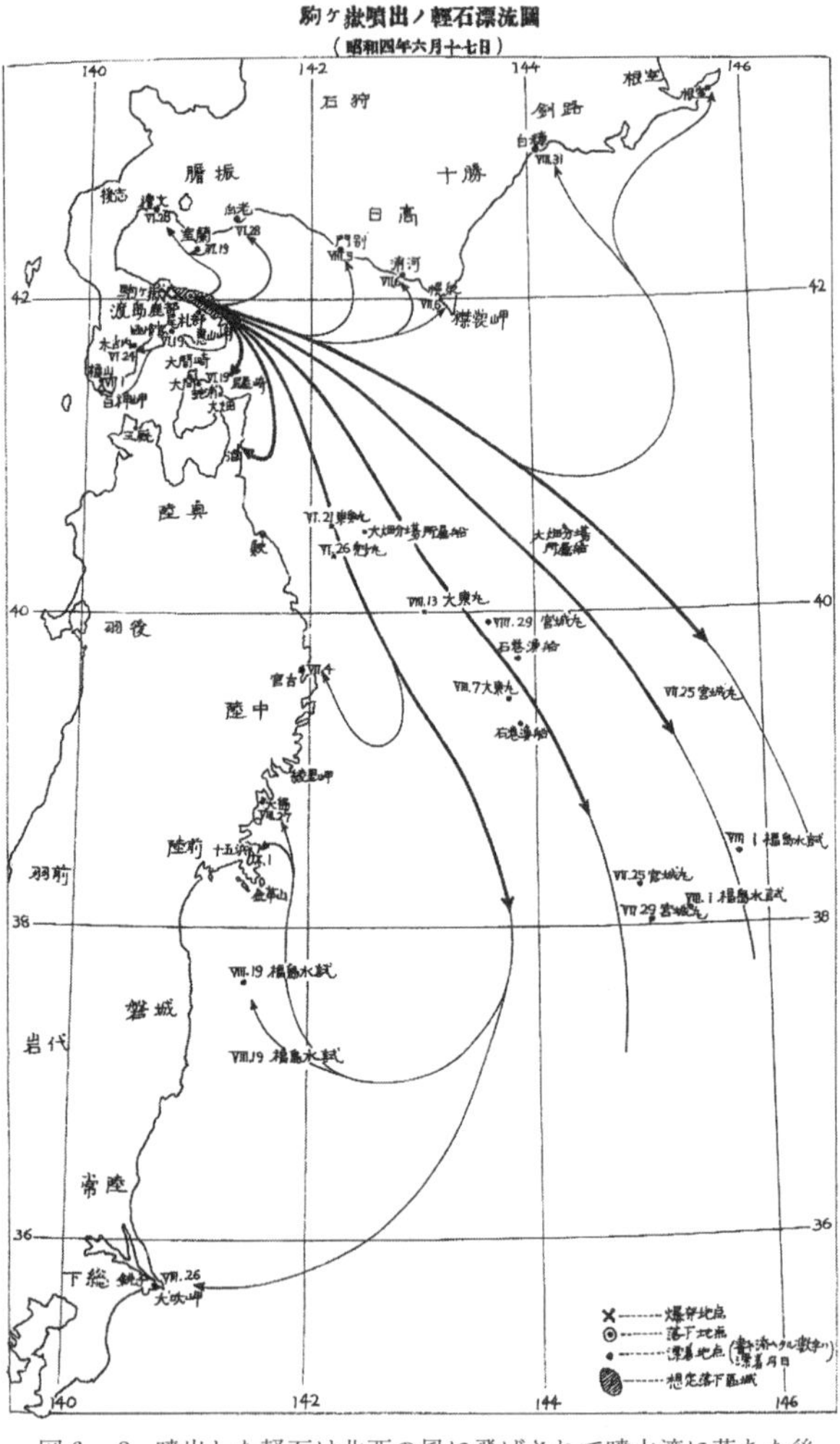

図６－３　噴出した軽石は北西の風に飛ばされて噴火湾に落ちた後、親潮に乗って南に漂流した(5)。

トル）である。これは鹿部から一一〇海里（二〇四キロメートル）を五日間で移動した計算になり、一日二二海里（四一キロメートル）に当たる。この数字は大きすぎる。ここでの軽石は二〜五ミリメートルと小さいので、上空を風に飛ばされて落下・漂流したのかもしれない。すぐ南の海域で六月二六日、同じ所属の魁《さきがけ》丸が軽石を発見している。これは一二〇海里（二二二キロメートル）を一〇日、一日平均一二海里（二二キロメートル）に当たり、これが鹿部沖から漂流したと思われる軽石の中で最も速い報告である。

金華山東方一〇〇〜二〇〇海里（一八五〜三七〇キロメートル）の海域一帯で、直径二〜三寸（六〜九センチメートル）の軽石が多数漂流していることを、宮城県水産試験場（当時）の宮城丸が報告している。これは三二〇海里（約五九三キロメートル）を四三日間、一日平均七・四海里（一四キロメートル）となる。ほかの海域で発見された別の報告についても計算すると、いずれも一日平均六・四〜七海里（一二〜一三キロメートル）、つまり時速〇・五キロメートルとなる。

船舶からの報告を総合すると、密集して流れる軽石群はある幅の帯の中に入っている。すなわち、青森県鮫角の沖合では岸から三〇海里と八〇海里（五六〜一四八キロメートル）の間、岩手県宮古沖では四〇〜一一〇海里（七四〜二〇四キロメートル）、金華山沖では九〇〜一七〇海里（一六七〜三一五キロメートル）となり、南下するほど海岸から東に遠ざかり、加えて幅が広がっている。

下北半島の海岸・沿岸に大量漂流

一方、海岸に漂着した軽石については次のような報告がある。いずれも青森県下北半島である。東岸の泊《とまり》港では軽石が厚さ三尺（九〇センチメートル）ほどになり、漁船が出入りできなくなった。幸いにして二～三日するとどこともなく去り、あるいは海底に沈んだ。

また、北岸の大間《おおま》では六月一九日大量の軽石が漂流し、一部は岸に漂着した。このうち水を吸って海底に沈むものが多く、これが東の強風で波が荒れたとき海面まで上がり、軽石同士の摩擦で細かくなり海水が灰白色になった。沈んだ軽石のために海藻類が変色や枯死する被害が出た。同じく北岸の大間と尻屋《しりや》の間では六月一九日に沖合数百間（三六〇～五四〇メートル）の所におびただしく漂流し、沿岸にも幅一〇〇間（一八〇メートル）、長さ二～三町（二〇〇～三〇〇メートル）の集団をなして来た。これが二三日の強風で大部分が浜に打ち上げられ、最大二尺（六〇センチメートル）の厚さに堆積した。

このように青森県下北半島の北岸と東岸には多量の軽石が漂流・漂着しているが、北海道ではこのような大規模な軽石の報告はない。南下する親潮の影響が大きかったのかもしれない。

駒ヶ岳の一九二九年の噴火は、西表海底火山の一九二四年の噴火に比べて軽石の量が桁はずれて少ないが、それでも軽石の漂流からこのように海流の様子が確認できた。

7章　福徳岡ノ場

写真７－１　沖縄本島の北西部に位置する備瀬の海岸に漂着した灰色軽石。沖縄の砂浜は白いので黒っぽい軽石がよく目立つ。

琉球列島の海岸に灰色軽石が次つぎと漂着

一九八六年五月下旬から琉球列島のあちこちの島に灰色の軽石が漂着し始めた。当然たくさんの人がこれに気付き、どこから来たものかが話題になり、関心を持つ人が多かった。沖縄の海岸は砂が白いためにこの灰色軽石は黒っぽくて目立ちやすく、遠くからでも漂着がすぐにわかった（写真７－１・７－２・附－３）。

この起源について、地元新聞の投書欄で自説を展開する人も現れた。また、記事になったものもあったし、私のところにも問い合わせがいくつかあった。

自説を述べた記事には次のようなものがあった。一八五三年一〇月二九日、かのペリー艦隊のボイル艦長が台湾沖で海底火山の噴火を目

写真７－２　石垣島北西海岸に漂着した軽石。1986年８月。撮影：野原秀俊氏。

撃した。その位置が台湾東沖の北緯二四度、東経一二一度五〇分とペリー遠征記に記されている。

丁度この位置で一九八六年一一月一五日にマグニチュード六・八の地震があった。だから軽石はここから噴出し、黒潮にのって沖縄に来たものだろう、という上原正稔氏の説である（琉球新報）。

これは、軽石の漂着がこの地震より半年早く始まったこと、海底火山と軽石は結びつくが通常の地震とは直接関係しないこと、などの問題がある。しかし、おもしろい指摘だった。

問い合わせは、海洋生物学者のキャサリン・ミユージック氏からもあった。当時沖縄本島北部の備瀬近くに住んでいた彼女が、浜に軽石がかなりの量打ち上げられていることに気付いて私の所に電話をしてきた。それは現在各地に漂着中の軽石であることを説明した。

万一別のものだといけないので、次の日曜日、確認のため備瀬の海岸で彼女と会い、琉球列島に漂着が続いている灰色軽石であることを確認した。実物を見ないで電話だけの話だと、とんだ誤りになることがあり危険である。

その後三年ほど経ってからのことであるが、福岡の漂着物研究家、石井忠氏から軽石サンプルが送られてきた。一九八六年一〇月ごろから玄界灘に漂着し始めたものだが、どこから来たのか不明である。筆者が研究結果を発表した軽石と同じだろうか、というものだった。見たらこれも同じ軽石だった。

軽石の漂着状況

一九八六年五月下旬、琉球列島の東海岸に最初の軽石漂着が確認された。その後確認箇所がどんどん拡大していった。数か月後には列島西端の与那国《よなぐに》島と、これより北東の琉球列島の島じまのうち、漂着可能なほとんどの海岸で確認されるようになった。

軽石の漂着状況の観察と採集のため、沖縄本島と周辺離島を見た経験では、ある海岸に多量に漂着していても、隣の海岸にはほとんどない、ということがよくあった。軽石は海上を帯のようになって漂流し、この帯がかかる海岸とそうでない海岸の差が軽石の量の差になっている。これは、陸に向かって吹く風が、ちょっとした地形の違いで強まったり弱まったりする影響も大きいものと思われる。

軽石はその後、四国の宇和海《うわかい》に六月下旬、和歌山の串本《くしもと》に八月に漂着している[1]。また、先述のように、玄界灘《げんかいなだ》には一〇月ころに漂着し始めた。

この軽石がどこから来たものかは、誰しも気になる。この謎を解く足がかりとして、とにかく漂着した軽石について詳しい性質を調べることにした。

写真7－3　漂着軽石の一つ。右上端の灰色部分から左下の暗灰色部分に色が変化する。

漂着軽石の特徴

以下、軽石の詳しい話に入る前に、用語について断っておきたい。これから述べるように、この軽石は灰白色から暗灰色まである。本来ならば、暗灰色の軽石は軽石とは呼ばずにスコリアと呼ぶべきである。

しかし、一つのサンプルの五センチメートルくらいの幅の中で、暗灰色から灰白色まで連続的に変化するものがある（写真7－3）。

そのため、どこからをスコリアと呼ぶか、という問題に加えて、一つのサンプルなのに、部分に

写真７－４　漂着軽石の色の変化。暗灰色のもの(左)から灰白色のもの(右)まである。

よって軽石、スコリアと呼び分けることになり、話を複雑にする。そのため、全体を見ると軽石のほうが多いので、ここでは一括して軽石と呼ぶこととする。

肉眼的特徴

この軽石には肉眼で見たとき、以下のような共通した特徴がある。角がすべて円磨されている。色は灰白色から暗灰色まで、大きさは五ミリメートルから二〇センチメートルまである（写真７－４）。

大きな軽石は暗灰色ないし灰色のものが多いのに対して、小さな軽石はすべて灰白色ないし灰色である。これは気孔の大きさの差に原因がある。

次に述べるように、暗灰色部では気孔が大きく、灰白色部は気孔が小さい。そのため、割れたり削れたりして小さくなったとき、暗灰色部ほど気孔に水が入って沈みやすい。

気孔の大きさは色によって差がある。暗灰色の軽石には一ミリメートルを超す気孔が多く、しばしば一センチメートル、ときに二センチメートルに達する。これらの気孔は互いに連結することが多い。それに対して灰白色の軽石は〇・五〜一ミリメートルの気孔が大部分を占め、連結する気孔は黒色部より少ない。これとは別に、〇・二ミリメートル以下の小さな気孔が色に関係なくすべての軽石に認められる。

真比重とみかけ比重

比重には二種類ある。真比重とみかけ比重である。ふつう、比重といえば真比重のことである。しかし、軽石のような多孔質の物質については、気孔を体積に含めた全体の比重も重要で、これをみかけ比重という。これが一未満なら水に浮くのは当然であるが、さらにこの数字から軽石の発泡の程度や、水中での浮力がわかる。

みかけ比重を測定するには、軽石をなるべく立方体または直方体に近くなるように、三組の平行な面が、互いに直角に交わるように切断する。切断したときに出る粉末が気孔に入るので、これを超音波洗浄器を用いて注意深く取り除く。

三組の面間距離を測定して体積を求め、別に重さを測って、みかけ比重を求める。真比重は、気孔がすべてなくなるまで軽石を細かく砕き、これを比重ビンを用いて計測する。こうして求めた軽石のみかけ比重と真比重は、暗灰色部で〇・三五、二・五〇、灰白色部は〇・四六、二・五一だった（表7－1）。比較のため西表海底火山の値を示した[3]。

このように、真比重は両者に差がないのに、みかけ比重は暗灰色部のほうが小さい。これは暗灰色部では気孔が大きいこととよく合う。なお、西表海底火山軽石のみかけ比重は〇・三九で、この軽石の灰白色部よりも小さい。

黒いゴマのような出っ張り

この軽石には黒ゴマ、ときに小豆を連想させるような黒い岩片が多数入っているという顕著な特徴がある（写真7－5）。これは捕獲岩《はかくがん》と呼ばれており、マグマが地下で取り込み、それを地上まで運び上げたものである。

捕獲岩の大きさは一～五ミリメートルで、まれに二センチメートルに達することがある。量は軽石の表面を見たときに面積で平均数パーセントを占めることが多いので、かなり目立つ。ただし、ほとんど含まれないこともある。

過去琉球列島に漂着している軽石の中で、このように捕獲岩を多量に含んでいるものはほかにない。そのため、これに注目するだけで、この新来の軽石は区別がつく。ただし、暗灰色の軽石では共に黒いため見てもよくわからない。

表7－1　福徳岡ノ場軽石の比重と空隙率(2) (3)

	暗灰色部	灰白色部	西表海底火山
みかけ比重	0.35	0.46	0.39
真比重	2.50	2.51	2.41
空隙率	86%	82%	84%

ふつう、捕獲岩は表面から出っ張っている。これは海を漂流中に、本体の軽石はほかの軽石とぶつかるたびに削れて減っていくが、捕獲岩は岩片だから丈夫であり、その結果減らないためである。大きめの捕獲岩が入った軽石は、さながらチョコチップクッキーのようである（写真7－5）。

地形には、周囲は侵蝕《しんしょく》に負けて低くなっても、堅くて丈夫な岩石でできている部分は侵蝕に耐えて低くならないために、相対的に周りより高くなって山を形成している場合がよくある。捕獲岩の出っ張りはそれと同じことである。ただし、捕獲岩は半分以上が突き出ると元からころっと外れ、逆に凹みになる。このあたりは山とは違うところである。

写真7－5　灰白色の軽石では黒い捕獲岩が目立つことが多い。

化学成分

軽石の化学成分を調べるために化学分析を行った。分析に当たっては、二つのことに注意した。

一つは、漂流軽石すべてに共通した問題である。海を漂流中に海水が軽石に染みこんでいるので、これを取り除かなければならない。これをしないと、ナトリウムをはじめとして海水に含まれているいろいろな成分に影響が出て、正しい結果が得られない。

一円玉ほどに砕いた軽石をビーカーに入れ、これに蒸留水を加えフタをして穏やかに煮る。水温を上げたほうが、海水成分が速く溶け出す。頻繁に蒸留水を交換しながら、海水が洗えたかどうかを毎回調べる。

海水の成分がまだ残っているかどうかは、出し汁にあたる蒸留水を小さなビーカーに取り、これに硝酸銀の水溶液を滴下して調べる。海水成分があれば硝酸銀の銀イオンと海水の塩素イオンが反応して塩化銀の白い濁りが出る。これが見えなくなるまで蒸留水による洗浄を繰り返す。穏やかに煮ていても、浮いている軽石同士はビーカーの中で軽い接触を繰り返す。すると、はじめ軽石を砕いたときにできた角張った角は削れて丸くなっていく。

その結果、生じた粉がビーカーの底に溜まっていく。角が取れると今度は軽石全体が削れて、少しずつ小さくなっていく。このように軽石は互いにぶつかるとかなり簡単に削れてしまう。だから蒸留水で煮る作業は必要最低限にとどめる。この作業をすると、時間の経過とともに次第に角が取れて丸くなくなっていく様子を、つい人間と重ねて見てしまう。

このように軽石の角が取れ、小さくなっていく過程は漂流中でも同じように起きている。だから漂着軽石は角が取れているし、漂流が続き噴出した火山から離れるほど小さくなっていく。

分析にあたって気をつけたもう一点は、この軽石特有の問題である。含まれているゴマ粒のような捕獲岩の割合が、どの部分でも均等ならいいのだが、分布が偏在したり、大きさもゴマ粒大ばかりでなく、まれに大豆、あるいはピーナッツ大になる。捕獲岩は軽石本体と成分が大きく違うから、捕獲岩の存在を無視して分析すると結果は大きくばらつく。それを防ぐには、手がかかっても、軽石を小さく砕いて捕獲岩を取り除くほかない。

表5－2（九〇ページ）に、ほかの琉球列島漂着軽石とともに示した化学分析結果Fは、こうした処理をした後に分析したものである。これを八八ページの図5－2（固結指数－K_2O／Na_2O）にプロットすると、左上のほかの琉球列島漂着軽石とは異なった場所に落ちる。なお、捕獲岩を取り除かずに化学分析をすると、捕獲岩の量が多いほど図の左側に分布範囲が広がっていく。それは捕獲岩の平均成分は固結指数＝二五・三、K_2O／Na_2O＝〇・三三で、この位置は図のはるか左欄外にあり、多いほどその方向に引っ張られるからである。この捕獲岩を含んだ軽石の成分が図5－2のF＋Xである。

色と化学成分の関係

すでに述べたように、福徳岡ノ場軽石は色が灰白色から暗灰色まで変化する。そこで色と化学成分との関係を調べてみた。

一一三ページの写真7－3のように、一つの標本中で色が変化する軽石を選び出して灰白色部と暗灰色部を分離し、化学分析を行った。その結果が表7－2である。ただし、この軽石からは捕獲岩を取り除いていない。それは、暗灰色部が捕獲岩と同じように黒いために、見たときに紛らわしく、目による分離作業が難しかったためである。

比較の条件を同じにするため、灰白色部の捕獲岩も除いていない。

表7－2で両者を比較してみると、最も差があるのはMgOで、それ以外はどの成分もほとんど差がない。化学成分のうち色に最も影響を与える鉄についてFe_2O_3とFeOの合計をみてみると、暗灰色部で四・五二パーセント、灰白色部で四・六五パーセントであり、むしろ色の白い灰白色部のほうがわずかながら多い。以上のことから、福徳岡ノ場軽石の色は化学成分とは関係ない、ということになる。

表7－2 福徳岡ノ場軽石の色と化学成分の比較(2)

	暗灰色部	灰白色部
SiO_2	62.65	62.28
TiO_2	0.56	0.57
Al_2O_3	17.60	17.62
Fe_2O_3	0.90	0.92
FeO	3.62	3.73
MnO	0.18	0.18
MgO	1.49	1.98
CaO	3.19	3.12
Na_2O	5.11	4.92
K_2O	4.52	4.53
P_2O_5	0.18	0.16
Total	100.00	100.01

色の差の原因

それではなぜ色の差ができたのだろうか。これは気孔に原因がある。表7－1（一一六ページ）の空隙率をみてみよう。空隙率とは軽石全体に占める気孔の体積の割合である。表に明らかなように、暗灰色部でやや大きいものの、いずれも八〇パーセント台で大きな差はない。

ところが、気孔の大きさをみてみると、一一四～一一五ページで述べたように、大きな気孔は暗灰色部には発達しているが、灰白色部にはない。空隙率に大きな差がないのに暗灰色部にだけ大きな気孔があるということは、灰白色部にはその分小さな気孔が沢山あることを意味している。

軽石を作っているガラスは気孔がなければ黒曜岩のように黒く見える（六七ページ・写真3－3）。黒曜岩が黒く見えるは乱反射が少ないためである。暗灰色部では小さな気孔が少ないのでガラスの壁が厚く、乱反射が少ない。そのために黒く見える。

それに対して灰白色部では小さな気孔が多いためにガラスの壁が薄く、乱反射が起きやすい。そのために白く見えるのである。

含有鉱物の特徴

この軽石には、多い順に、カルシウムの多い輝石、斜長石、かんらん石、磁鉄鉱が含まれている。それらについてEPMA《イーピーエムエー》を使って化学成分を調べた。これは真空中で鉱物に電子線を当て、出てくるX線の波長と強さから化学成分を求める装置である。

これらの鉱物は、鉄・マグネシウム・カルシウム・ナトリウムなどのどれかの成分を含んでおり、マグマが違うとその含有比が異なる。だからこの量を比較すると同じ軽石なのか別なのかがわかる。

写真7－6　1986年1月21日9時ごろの福徳岡ノ場の噴火。撮影：海上自衛隊(4)。

灰色軽石の起源探し

一九八六年一月一八日から福徳岡ノ場で海底火山噴火があり、二日後の二〇日、新しい島ができた（写真7－6）。

福徳岡ノ場の位置は、北緯二四度一七・一分、東経一四一度二八・九分で、東京の南、八重山諸島の東に当たる小笠原諸島である。ここでは海流が西方に流れている可能性があり、福徳岡ノ場で噴出した軽石が沖縄に流れ着いてもおかしくない。ここでの軽石の噴出が一月二〇日ころからで、沖縄漂着が五月下旬以降というのも、理屈の上であってもよさそうな話である。

その後、火山学会の会場などで福徳岡ノ場噴火の情報を探しているなかで、海上保安庁がこの軽石を洋上で採集している、という情

写真7－7 「拓洋」が採集した軽石。灰白色で黒い捕獲岩が目立つものが多い。

報をえた。

早速、海上保安庁水路部（現・海洋情報部）の土出昌一氏にこのとき噴出した軽石の提供を頼み込んだ。ありがたいことに、噴火の翌年三月に軽石が送られてきた（写真7－7）。

海上保安庁の調査船「拓洋」が、一九八六年一月二〇日の朝八時二八分、福徳岡ノ場南南西約一〇キロメートルの洋上で漂流中の軽石を採集したものであった。

一見しただけで、琉球列島に漂着し、実験をほぼ完了した灰色軽石と同じ軽石であることがわかった。例の黒い捕獲岩も入っている。でも、見てそっくりであることを根拠にして同じ軽石である、という結論を科学論文に書くわけにはいかない。

早速、琉球列島に漂着した軽石について行ったのと同じ観察・分析に取りかかった。軽石は最大四センチメートルあり、実験に十分使える大きさだった。

実験の結果はすべての項目で見事に一致した。すなわち、肉眼的観察と偏光顕微鏡による観察以外に、軽石の化学成分、含まれている鉱物の種類とそれぞれの化学成分についてである。これで琉球列島に漂着した軽石が福徳岡ノ場起源であることが明らかになった(2)。

福徳岡ノ場での噴火の歴史

福徳岡ノ場は小笠原諸島の最南端部、南硫黄島の北北東五キロメートルに位置する（一四二ページ・図7－4）。むかしから天然魚礁として漁民の間で知られており、ここを最初に発見した船が福徳丸で、その名が地名に付いたという。

魚が多いのはここに海底火山が隠れており、周囲より浅くなっていたためであろう。福徳岡ノ場の火山活動史は、海上保安庁がホームページにまとめたものに私の解釈を入れて整理すると以下のようになる。

一九〇四（明治三七）年一二月、海底噴火があり高さ一四五メートルの新島ができた。その後次第に沈降し、翌一九〇五年六月には高さ二・五～三メートルになり、やがて海没した。

一〇年後の一九一四（大正三）年一月二五日、大噴煙をあげて溶岩が流出し、高さ三〇〇メートルの新島ができた。これが海蝕を受けて各所で崩れ、多分沈降も手伝って、わずか一八日後の二月一二日には高さ一一七メートルまで低くなり、一九一六年六月に消滅した。この噴火が現在知られている活動の中で最大のものである。

一九一四年の大噴火の後は、火山性の変色水が認められる程度で静かだった。ただ、海底では山頂が一九七六年にはマイナス二五メートル、一九七九年にはマイナス四〇メートルと次第に深くなっていき、まるで噴火のエネルギーをため込んでいるかのようだった。

写真7－8　1986年1月29日の新島。撮影・解説：小坂丈予氏。

福徳岡ノ場火山一九八六年噴火の様子

一九一四年の大噴火の七二年後に当たる一九八六年一月一八日、福徳岡ノ場は突然活動を再開し、一月二〇日新島ができた（写真7－8）。このとき噴煙の高さは二〇〇〇メートルに達した。

新島は南北八〇〇メートルで、東側が欠けた半月形を呈していた。これはほぼ平らな島で、高さは最大一五メートルだった。もっぱら火砕物から

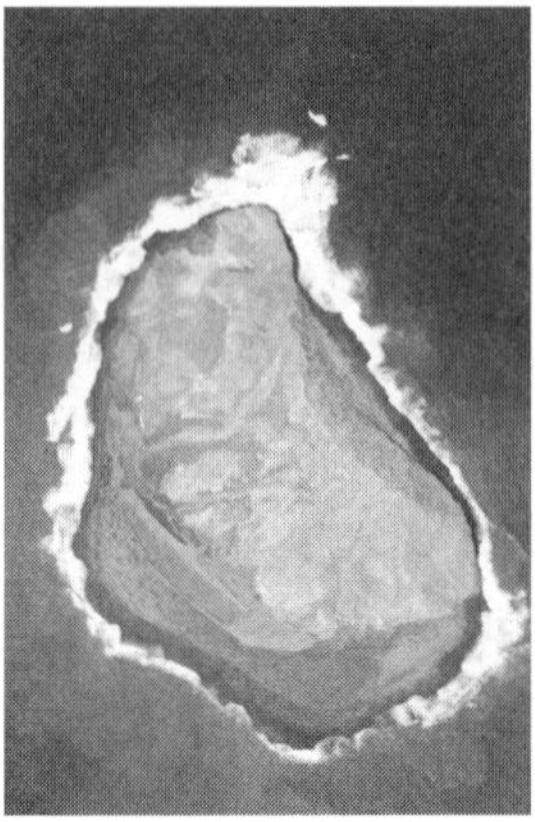

写真7－9　1996年1月29日。南北両端が海蝕を受け、長径約600m。

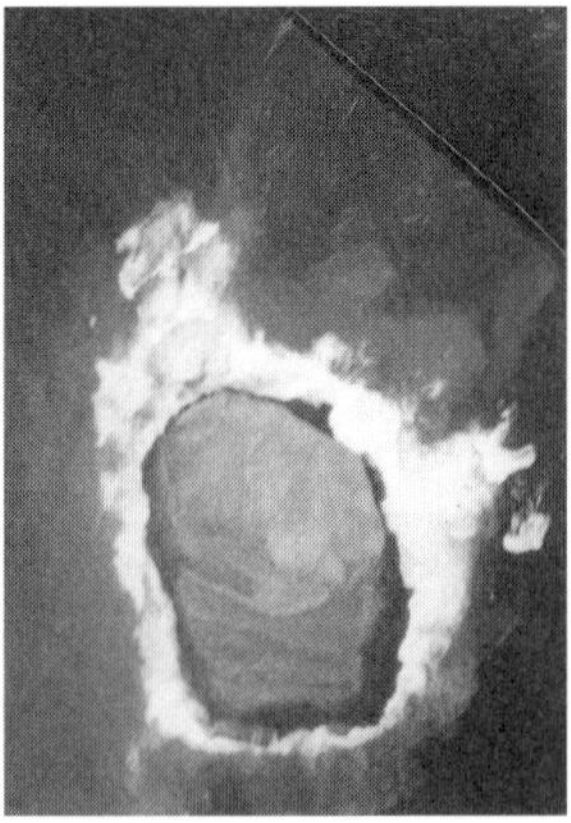

写真7－10　2月14日。侵蝕はさらに進み、南北約400mとなる。周囲に茶色の変色水がある。

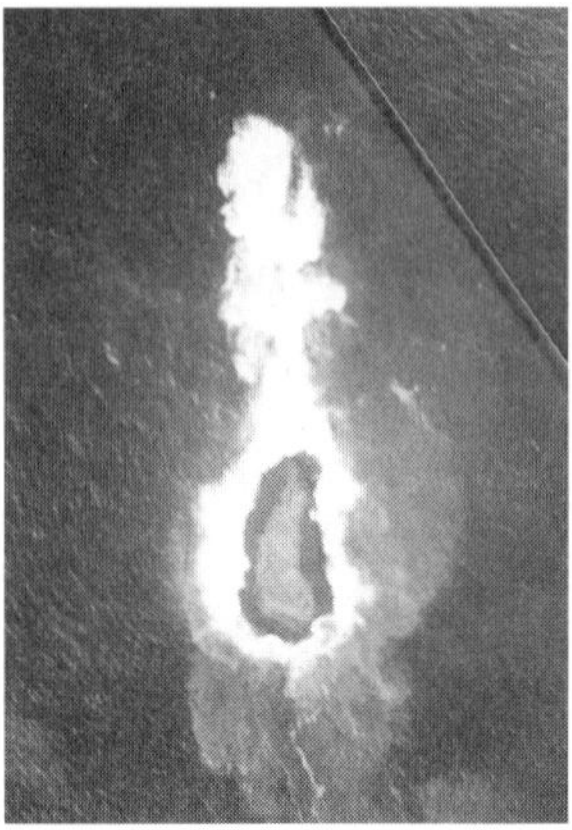

写真7－11　3月6日。侵蝕進む。南北約150m。

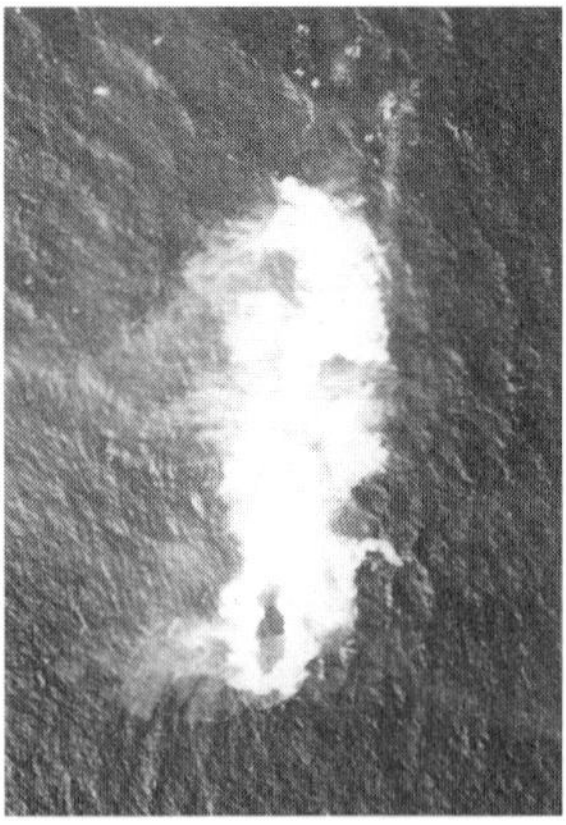

写真7－12　3月26日。島はほとんど消滅。以上4点の撮影・解説：小坂丈予氏。

なり、溶岩は認められなかった。噴火活動はわずか三日間で終了した。新島は波の侵蝕《しんしょく》を受けて次第に小さくなり、三月二六日に海没した。六六日間の命だった[5]（写真7－9～7－12）。

とはいえ、ここは海底火山の一つであり、その山頂の一部が少し削れたにすぎない。島をつくっていた火砕物には大量の軽石が含まれていたと思われる。それは海上保安庁による一月二〇日の船上からの映像で大量の軽石が漂っていることが確認でき、また、同様の軽石が一月二一日上空から撮影した新島の写真にも観察されるからである（写真7－13）。いずれにしても島は火砕物でできていたと思われ、波よる侵蝕、波蝕に弱いため短命だったと考えられる。

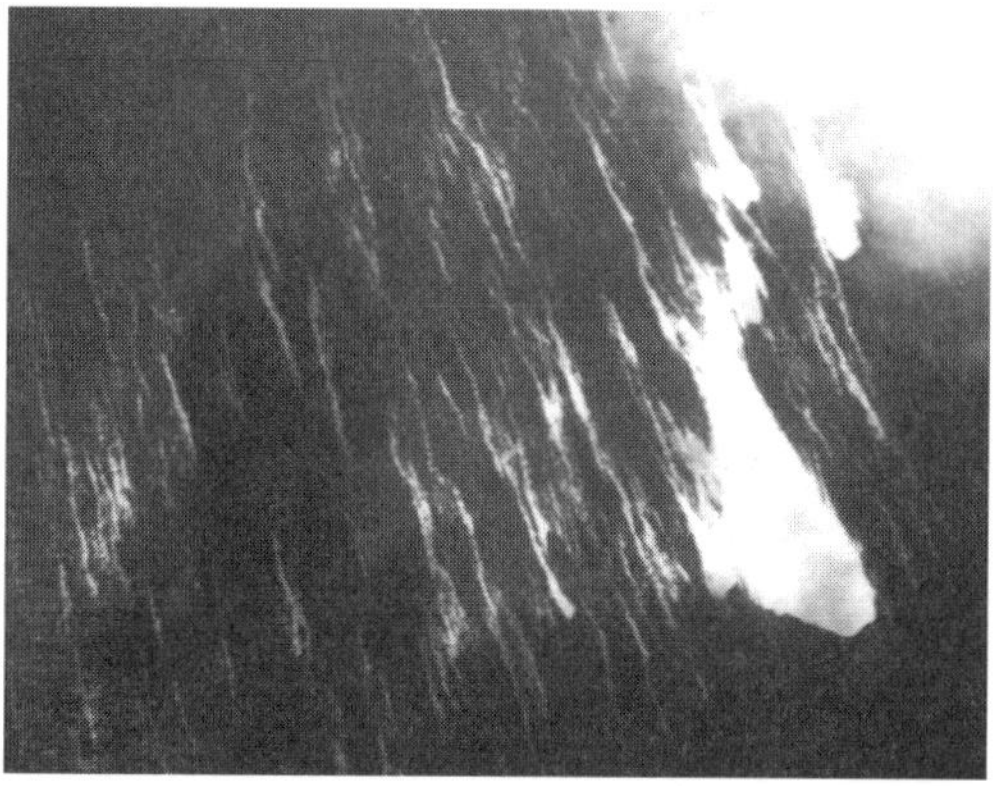

写真7－13　1996年1月21日に撮影された海面を漂流する軽石。撮影・解説：小坂丈予氏。

福徳岡ノ場では一九八六年の噴火の後も小さな活動が続いているらしい。海上保安庁と海上自衛隊は監視を続けており、変色水はほぼ常時生じているようである。水に隠れていて見えないだけで、もし海水を取り除いて考えれば、福徳岡ノ場は南硫黄島火山の北山腹にそびえる火山であり、これらは比高一〇〇〇メートル以上の山脈の上にある。

コックステイルジェット

一九八六年一月二一日の空撮写真には爆発的な噴火の様子が写っている（一二一ページ・写真７－６）。噴煙の先頭がいくつもの尖った形になったコックステイルジェットとなっている。ふつうの、水蒸気が多い噴煙は頭が丸く、浮力でゆっくりと上昇していく。高度が高いときは成層圏に達することもある。

北海道駒ヶ岳で一九二九年六月一七日に発生した噴煙はこの例で、噴煙は頭が丸い、入道雲の形になっていたはずである。それに対してコックステイルジェットは、岩片が高速で噴煙の先頭を飛び、煙が追随している。そのため先頭が尖った形になる。高度はあまり高くならない。それは岩片がいかに高速で飛ばされても、空気の摩擦抵抗もあり、飛行高度は高が知れているからである。

コックステイル cock's tail は噴煙の形が雄鳥の尾に似ていることからついた名である。二つの単語をつなぐsを取っただけであのカクテル cocktail になってしまう。言葉はこわい。

海流の測定方法

次に海流と軽石漂流との関係を考えるが、その前に海流の調査方法について見てみよう。

海流には海水面に近い所での流れである表層流と、深いところでの流れである深層海流などがある。両者は関係を持ちつつも、互いに異なった動きをすることも多い。このうち、表層流には二つある。

一つは偏西風や貿易風といった大規模な風系によって生じる巨大な海流の循環（亜熱帯環流）であり、風成《ふうせい》海流と呼ぶ。もう一つは、その場そのときで吹く風によって作られる海流であり、吹送《すいそう》流と呼ぶ。表層流はこの二つの海流が合計されたものである。ここでは軽石の漂流を考えることを目的にしているので、おもに表層流の調査法を見ることにする。

漂流ビン・漂流ハガキ

まず、最初に漂流ビンがある。これは明治時代から用いられており、現在でも目的によっては研究に使用されている方法である。ビンの中に手紙とハガキを入れて海に流す。拾った人は、いつ、どこの海岸で見付けたかをハガキの記入欄に書いて、ポストに投函する。受け取った調査機関は、ビンに入れたハガキに、いつ、どこから流したものかの控えがあるから、そのことで海流の方向がわかる。

ビンには適量の砂を入れて、ビンの一部が水面に少しだけ出るようにする。こうすることで風の影響を少なくし、真の海流を知ることができる。

この方法の欠点は、回収率が低いことである。原因の一つは漂着せずに沖を流れてどこかに行ってしまうこと、もう一つは浜に打ち上げられても、それが漂流ビンであることを誰からも気付かれないままで終わることである。

また、この方法ではビンがいつ浜に打ち上げられたのかがわからないので、海流の方向はわかるが速度はこれより速いという数字しか求められない。２章で、石垣島から毎年一〇〇個ほど流しているヤシの実がなかなか見つけてもらえないことを書いた。ヤシの実ですら見つからないのだから、ビンはもっと見つかりにくいだろう。

ビンを使わずに直接ハガキを流す漂流ハガキもある。これはハガキの上に浮き、下に重りをつけてポリ袋に入れ封をする。重りを調整してハガキの上部が少しだけ水面に出るようにすることはビンの場合と同じである。見付けた人はポリ袋を破いて、いつ、どこで、を記入することも同じである。これだと浜に漂着したときに、ビンより目立って回収率がいいかもしれない。ただ、ビンよりは弱いために袋が破れてしまうこともあるらしい。また、浜に打ち上げられたハガキが強風で飛んでいってしまうこともありそうである。

遊びでも仕事でも、海岸に行くことがあったときは、ビンやハガキが漂着していないか注意して見てはどうだろうか。運良く見つけたら、中のハガキの記入欄に必要なことを書いてポストに入れよう。受け取った人が喜ぶし、投函した人は調査に協力したことになる。ふつうは、回答してくれた人に何かのお礼をしているようだ。

種子島からのメッセージボトル

海流調査ではなくて、知らない誰かに手紙を書いて流す人もいる。種子島西之表市の安城《あんじょう》小学校では、過去平均すると年に一〇〇本ほどの漂流ビンに手紙を入れて流すというおもしろい行事を行っている。

生徒の書いた手紙はビールビンに入れ、さらに日本語と英語で書いた校長名の趣意書と適量の砂を入れて密栓後、船で沖から流す。どこかの誰かがビンを見つけてくれるだろうか。そうすれば手紙を読んでくれるかもしれない。その人は返事をくれるだろうか。そうだとうれしいけど……。夢は広がる。これがきっかけで友情の輪につながれば、なお素晴らしい。

種子島では一五四三（天文一二）年、難破した中国船の乗組員を救護した。そのとき同乗していたポルトガル人から鉄砲が伝来したことは有名である。いわゆる火縄銃である。その三〇〇年以上後の一八八五（明治一八）年、今度はアメリカの商船が種子島沖で難破し、やはり島民が手厚く保護した。後に、感激したアメリカ政府から感謝の金品が贈られ、安城小学校にはその記念碑が建っている。こうした経過があって安城小学校では毎年メッセージボトルを流しているという。

私はこの学校に行ったことがある。今まで北海道から沖縄まで、太平洋岸の国内各地に加えて、ハワイ、アメリカ本土などからも漂着の報告を記した手紙が来ているという。中には一七年たってフィリッピンに漂着したものもあるという。これは太平洋を一周して来たのかもしれない。

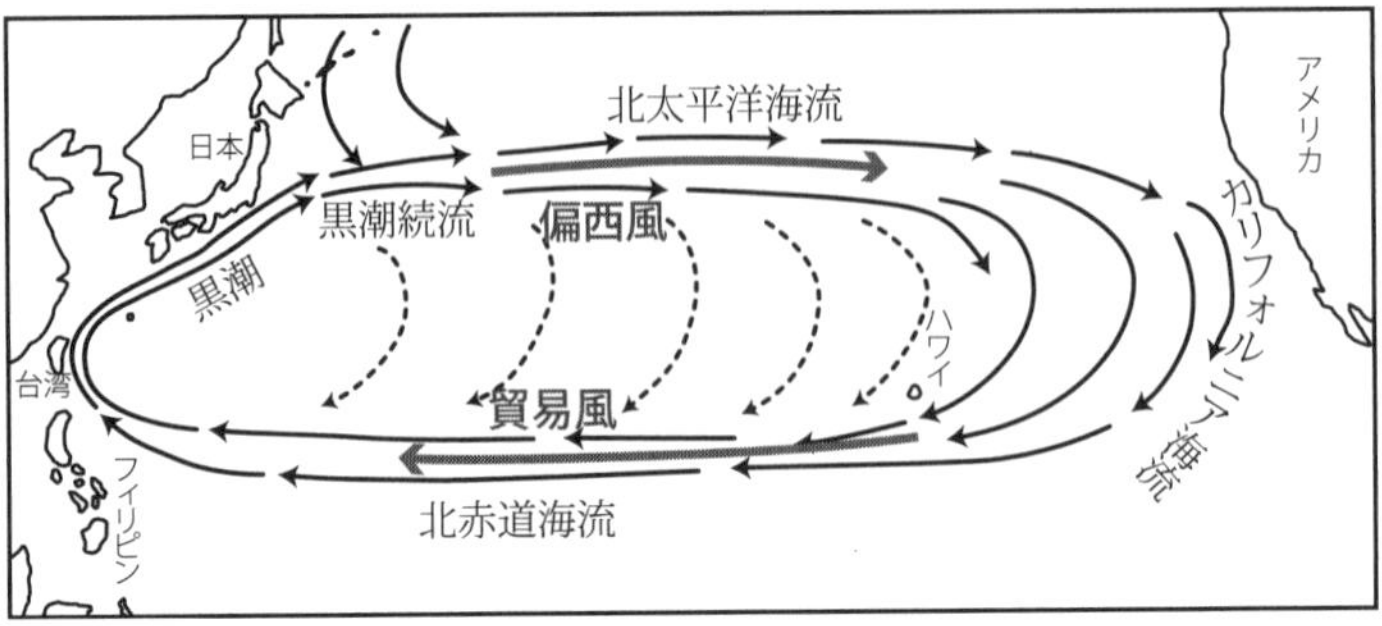

図7－1　太平洋を循環する海流。この循環系とその内側では上層の水が暖かい。地球が東方向に自転しているために、黒潮は幅が狭く、したがって速い流れになっている。

もしそうだとすれば、まず黒潮に乗って北上した後、北太平洋海流で東に向かった。北アメリカ大陸に近づくと、その沖をカリフォルニア海流で南下し、次に北赤道海流で西に進む。途中ハワイの南を通ってさらに西に進み、フィリッピンに漂着したということになる（図7－1）。

このように太平洋を時計回りに移動する海水は三年で一周するという。ただ、海流は表面よりもある程度深い所が最も速い。三年という数字はそうした速い所のことであり、ビンが浮かぶ海水表面では当然これよりも遅くなる。それにしても一七年は長すぎる。

北赤道反流をはじめ、海流にはいろいろな反流がある。西表海底火山の軽石漂流図にも、奄美か種子島あたりから黒潮を東に外れ、時計方向に回ったのち沖縄本島に向かう反流が描かれている（四〇ページ・図2－3）。これは沖縄本島の東岸に軽石が漂着していることからの推定である。種子島から沖縄に漂着したビンもこうした反流に乗った可能性がある。

一七年もかけてフィリッピンに漂着したビンはこうした反流に乗ったか、あるいは、いったんハワイなどの途中の島に漂着した後、何年ぶりかの高潮などに遭って再度漂流を開始したのかもしれない。さらにひょっとして、フィリッピンの海岸に漂着したものの、人が行かない場所なので長い間発見されなかったのかもしれない。一七年もかけて種子島からフィリッピンまで旅をしたビンは、このようないくつもの反流に戻されたり、「上陸」したりしながら、あちこちで道草ならぬ海草を食っていたのかもしれない。本当はどうだったのかビンに聞いてみたいところである。

写真7－14　ハワイ島南端のグリーンサンドビーチ。

ハワイ島での漂着

ハワイ諸島の中で最も東にあり、最も大きく、唯一火山活動がある島がハワイ島である。二〇〇六年、この島の火山を見に二度目の訪問をした。島南端の東海岸に小さな入り江があり、ここにグリーンサンドビーチがある（写真7－14）。その名の通り砂浜の砂が緑を帯びている。このビーチを半分囲むように急斜面がある。そこには火山灰が堆積してできた水平な縞模様がはっきりと見える。

写真７－15　ハワイ島南端の溶岩上の漂着ゴミ。

近くで見ると、火山灰中には黒い輝石や火山ガラス、白い長石などと一緒に緑色のかんらん石（オリビン）がたくさん見える。火山灰層は溶岩と違ってざくざくしているので、波の侵蝕に弱い。削られてできた砂のうち、比重が大きいかんらん石は残りやすく、軽いガラスや長石は流れやすい。そのため砂浜の砂にはかんらん石が多い。だからビーチ全体が緑色を帯びている。

このビーチを見に行った帰り、玄武岩の溶岩だらけの岩場を海岸沿いに、島南端のサウス・ポント方向に歩いた。すると真っ黒な溶岩の岩塊の上や間に白っぽいプラスチックのゴミが漂着しているのに出会った（写真７－15）。

やっぱりここでもか、と近寄って見ると、大部分は国籍不明だが、字が書いてあるものもある。英語が多く日本語もある。互いに輸出しているので字だけでは何ともいえないのだが、ここを流れる北赤道海流の上流はカリフォルニア海流であり、アメリカ西岸が発生源として一番近い。でも、さらにずっと上流を見れば黒潮まで戻るし、途中の船舶による洋上投棄の可能性もある。ゴミの元も北半球太平洋全域であり、国際化している。軽石も探したのだが見つからなかった。

考えてみれば、海が荒れて大きな波が打ち付けるときに軽石が打ち上げられないはずはないのだが、岩場なので隙間に入り込んでしまうために見つからないのだろう。

サウス・ポントは北緯一九度でキューバよりも南に当たる。だからここはアメリカ最南端の地である。ここでは何があっても最南端になる。看板があっても電柱があっても。近くの集落にレストランがあった。これはアメリカ最南端のレストランになる。二度ほど昼食をとったがあまりうまくなかった。

漂流ブイ

以上の、むかしからある海流調査法とは違う、漂流ブイ（図7−2）を流す方法がある。これは頭だけを海面に出し、大部分を海面下に沈めて風の影響を受けにくくしてある。したがって、ブイが風圧によって流される可能性は少なく、風成海流と吹送流が重なった流れを測定していることになる。ブイにはカーナビと同じように、GPSで人工衛星からの電波を使って自分の位置を知る器械をつけ、これを記録にとって定期的にデータを回収し、時間ごとの場所を知る方法である。

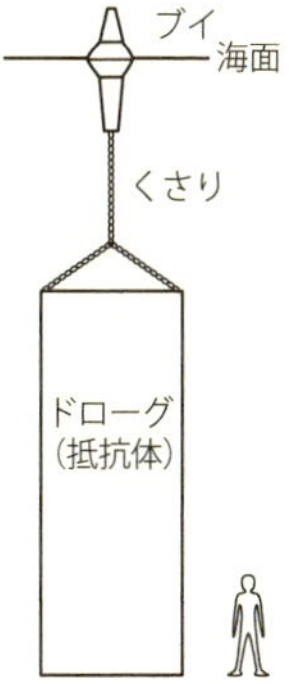

図7−2　漂流ブイ。大部分を海面下に沈め、風の影響を小さくしている。

この方法は、データを後から回収するか、ブイから電波を出して位置を発信する必要があるが、世界中どこでも使え、精度もいい。

　これとは逆にブイから電波を発射して気象衛星がこれをとらえ、ブイの位置を求めるアルゴスシステムがある。この方法では毎日何回もデータが得られる。こうした人工衛星を用いた方法だとビンやハガキと違って、いつどこを動いたかという途中経過がわかる。だからビンやハガキに比べて、はるかに詳しい様子が確実にわかる。ただし、その分経費はかかる。

　図7－3は、海上保安庁が漂流ブイを用いて調べた福徳岡ノ場近海の海流の様子の一例を示したものである。測定は噴火前年の一九八五年二月から九月までである。

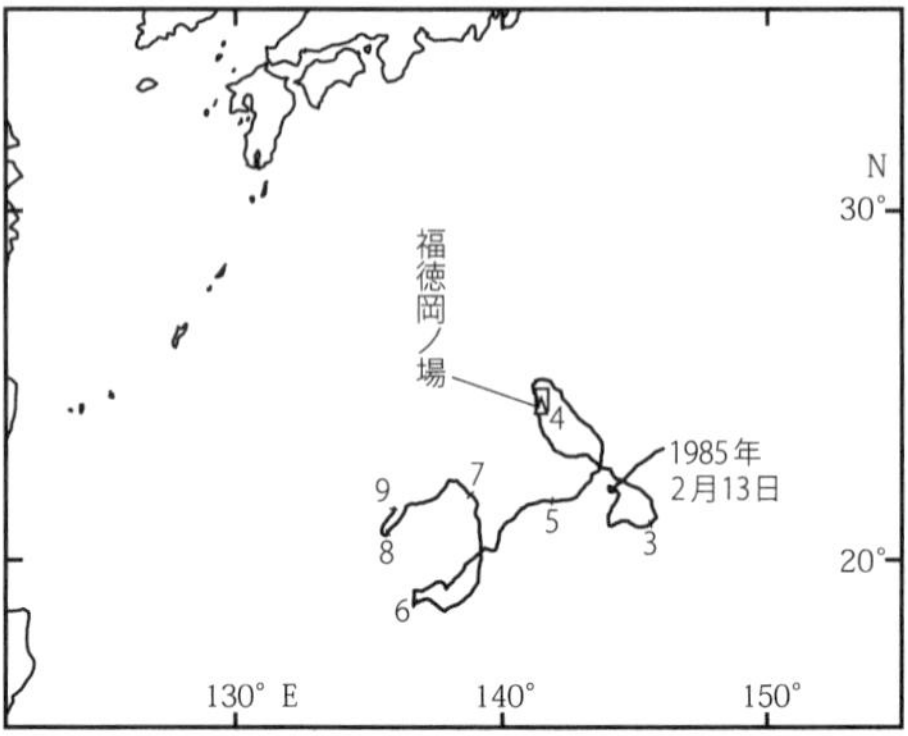

図7－3　漂流ブイで求めた海流の例。数字は各月1日の位置(6)。

　これを見ると、大きく見れば西に向かってはいるものの、かなり複雑な経路をたどっていることがわかっておもしろい。軽石は風の影響を受けやすいので、これよりもっと複雑なのかもしれない。

　船の漂流から海流を求める方法もある。船が針路を決めて定速でまっすぐに航行していても、海流があれば船の移動方向や速度は変えられてしまう。このことから海流の向きや速さを求めることができる。まっすぐに航行していなくても、船がどのように曲がったか、加速・減速したかが記録されていれば、海流の方向と速さを計算して求めることができる。

これとは別に、次節でも触れるドプラー式流速計を船底に取り付けて、航行しながら海流を測ることもできる。

そのほかの海流測定法

以上は、ビン・ハガキ・ブイ・船と、いずれも海流で動かされるものから海流を知る方法だった。これとは違って、止まっているものから海流を調べる方法がある。流速計がこれで、地上で風速を測るのと同じように専用のプロペラや円筒形の回転子（ローター）を水中に入れ、回転数から速さを求め、尾羽で方向を知る。最近ではこれより性能がよい超音波のドプラー効果を利用したドプラー式流速計がよく使われている。

こうした直接的な測定法とは別に、間接的に海流を測定する方法がある。海面は波を無視すれば平らで、海洋は丸い面で地球を包んでいる。しかし狭い範囲を詳しく見ると、勾配はごくゆるいが、山や山脈のように高い所や、盆地や谷のように低くなっている部分もある。海面にこのような勾配があるときは、その傾斜方向（斜面を下る方向）に直角な方向に海流が流れていることがわかっている。そのため、こうした海面の凹凸を人工衛星を利用して測定し、その海域での海面の傾きの方向と角度を求め、そのことから海流を推算することができる。

また、短波海洋レーダーを用いる方法では、短波を水面の波に当て、反射してきた短波から、ドプラー効果で短波の周波数が変動することを利用して、計算で海流を知ることができる。また、海水の温度や塩分濃度を広く測定して海流を推定する方法も使われている。海水の等温線の方向と海流の方向とはほぼ一致しているからである。

軽石漂流と海流との関係

軽石の漂流と風との関係

気象庁によれば、福徳岡ノ場の軽石は一九八六年五月下旬から南大東島と琉球列島の与那国島・西表島・石垣島・宮古島・久米島・沖縄本島・奄美大島で確認されており、その量は相対的に各島の東海岸に多い。

しかし、この時点では沖永良部《おきのえらぶ》島・種子島・屋久島・枕崎・土佐清水・高知・室戸・潮岬《しおの》の各官署には漂着の情報が入ってない、という。このことから、軽石は福徳岡ノ場から北西には向かわずに、琉球列島に向かってほぼ西進したことがわかる。

五月下旬に漂着が確認された島のなかで、福徳岡ノ場に最も近い島は南大東島で一一〇〇キロメートル、最も遠い島は与那国島で一九〇〇キロメートル弱である。したがって、四か月間の平均漂流速度は、南大東島へは時速〇・四キロメートル、与那国島へは〇・七キロメートルとなる。

一方、漂流ブイによって求めたこの海域での海流の平均速度は、西方に約〇・二キロメートルである[6・7]（図7－3）。

この二つを比較すると、軽石の漂流は海流の測定データよりも明らかに速い。この原因を考えるには、軽石が漂流していたときに、その海域でどのような風が吹いていたのかがわかると都合がよい。幸いに轡田氏はこの測定をしていた。それによれば、一九八六年一～二月の平均風速は南東へ毎秒七メートル、三～五月は西へ二～三メートルであった。

この風だと二月はほぼ逆風、三～五月は順風となる。結局、漂流期間の大部分をしめる三～五月の東からの追い風のために、軽石は海流の二～三倍の速度で漂流したものと思われる。

黒潮新幹線

琉球列島近海に到達した軽石は、これよりも約一〇倍速い黒潮に乗って北東に進んだ。愛媛県の宇和海に六月下旬、和歌山県の串本に八月に漂着している[1]。五月下旬に琉球列島で漂着が確認されている海岸のうちで、宇和海に最も近いのは奄美大島である。奄美大島から宇和海までは七〇〇キロメートル弱である。

この距離を五月下旬から六月下旬までの一か月間で漂流する速さは、時速一キロメートルである。黒潮の中心部がこの四～五倍の速さであることを考えれば、軽石は先ずローカル線の鈍行で福徳岡ノ場から琉球列島の近海にたどり着き、その後黒潮という新幹線に乗り換えて宇和海や串本へ漂着したものと考えられる。

以上の西方への漂流とは別に、福徳岡ノ場を出た軽石は、三月一五日、北へ二六〇キロメートル離れた小笠原の母島に漂着している(1)。この北進する海流は平均すると時速〇・二キロメートルとなり、琉球列島に向けて西進した軽石の半分以下の速度で漂流したことになる。ここで黒潮について見てみよう。

黒潮 —— 世界的に有名な大海流

私の手もとにある、アメリカやイギリスで出版されたいくつかの地図帳には、世界の海流を簡単に示したページがある。簡単なため親潮が載っていない地図でも、Kuroshio は必ず載っている。そしてもう一つ、Gulf Stream も必ずある。これは湾流と訳す。

黒潮と湾流

黒潮は湾流と並ぶ、世界最大級の暖流である。黒潮が日本海流と呼ばれることがあるのと同様に、湾流はメキシコ湾流と呼ばれることがある。しかし、黒潮・湾流が現在ふつうに使われる名称なので、以下この名で呼ぶことにする。

この二大暖流はいずれも北半球の大洋西端に沿って北上している。すなわち、黒潮は太平洋の西部、日本の近くを流れており、湾流は大西洋の西端、北アメリカ大陸の東沖を流れている。いずれも流れが狭くて速い。

このように、大洋の西端を狭まって流れているのは地球が東方向に自転しているためである。これらの暖流は大量の暖かい水を、つまり大量の熱を、北に運搬している。そのため、夏、南寄りの風は海流から多量の湿気を吸収し、これが陸に向かって吹く。

そのため、日本もアメリカ東岸も気候が似ている。夏は蒸し暑いし、かつて日本が贈ったワシントンの桜は日本と同じようにきれいに花をつける。

黒潮の流路と福徳岡ノ場軽石

黒潮はフィリッピンから台湾東方を源にして北上する。台湾と八重山諸島の間を通って東シナ海に入る。

ここでは東シナ海の大陸棚斜面に沿って琉球列島の西側を北東に流れた後、北緯二九〜三〇度付近、つまり奄美大島と屋久島の間のトカラ海峡で琉球列島を東に横断し、太平洋に出る。

その後は東北東に進み、九州・四国沖を経て本州南岸に向かう。この間、岸に近づいたり、沖に迂回したりして蛇行することもある。関東から先は陸を離れて黒潮続流に移行するので、この手前までが黒潮である。

黒潮続流は北にある親潮と併走する。途中一部は黒潮反流となって南西方向に向かい、小笠原諸島を経て黒潮本流に合流するらしい[8]。福徳岡ノ場から琉球列島に軽石を漂流させた海流はこの黒潮反流であろう（図7－4）。

黒潮続流は東経一六〇度付近から東では、東に向かう北太平洋海流に移り変わる。

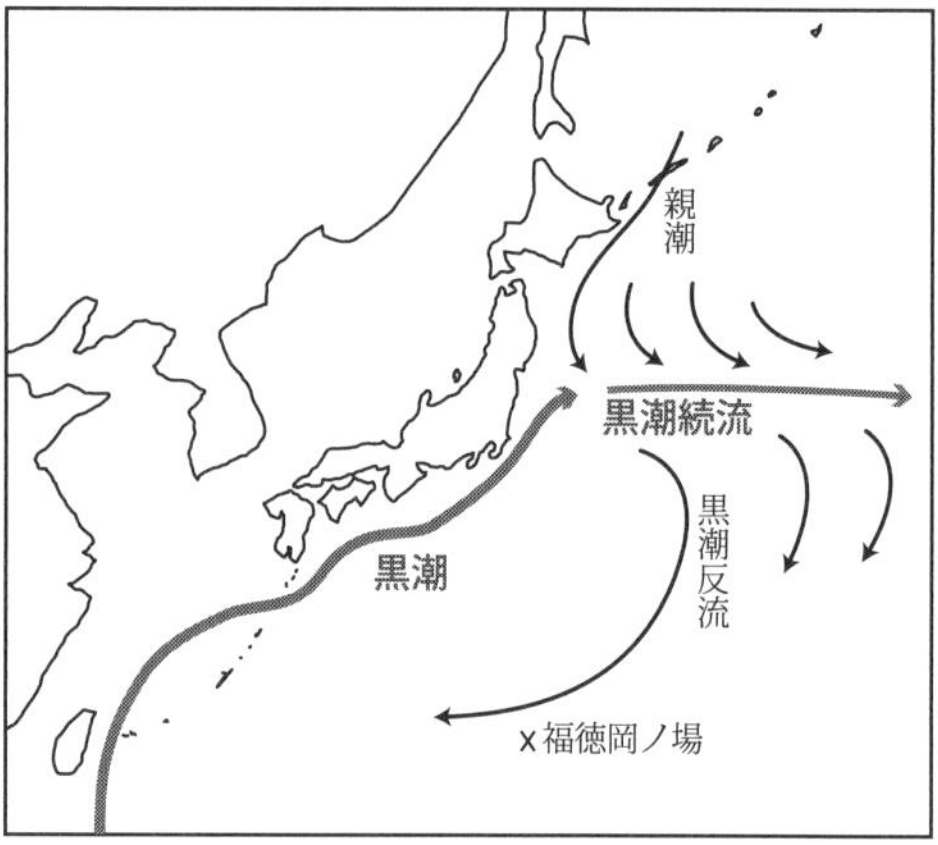

図7－4　福徳岡ノ場から軽石を運んだ黒潮反流と関係海流。

黒潮の速さと駆動力

黒潮は幅一〇〇キロメートルほどであり、時速四キロメートル以上の速さがあるのは幅三〇キロメートルと狭い。中心に近いほど流れが速く、時速五～七キロメートルである。この速さは我われが歩くのとほぼ同じであり、海流としてはかなり速い。

オリンピックの男子一五〇〇メートル自由形の入賞タイムはほぼ時速六キロメートルなので、ふつうの人が黒潮中心部で流れに逆らって泳ぐことはまずできない。

黒潮が北太平洋海流に移り変わって東に向かうのはこれと同じ方向に吹く偏西風の力であり、その後カリフォルニア海流として南下した後、北赤道海流が西に向かうのは、西に向かって吹く貿易風の力による（一三二ページ・図7－1）。北赤道海流は、黒潮の源流域に達すると黒潮となり北上する。

このように太平洋を大きく循環する巨大な流れは大規模な風によって動かされている。これらの海流のうち、黒潮は地球の自転の結果、全体が西方に押し狭められているので、その分流れも速くなっている。

黒潮の東側と西側

黒潮とその進行右側の水、つまり図7－1の循環系（亜熱帯環流）とその内側では、上層全体が暖かい水で満たされている。それに対して、黒潮の外側つまり進行左側では海水温が低い。黒潮が流れる流域の中で、黒潮系海域に入っている島はトカラ海峡以南の琉球列島と小笠原諸島だけである。これらの黒潮系海域では冬になってもあまり寒くならない。琉球列島でサンゴ礁が分布するのもトカラ海峡以南の島じまである。

黒潮系海水では北の親潮系海水よりもプランクトンなどの栄養分濃度が一桁低い。そのため黒潮系海水は濁りが少なく、水の透明度が高い。沖縄にある、サンゴ礁と透明できれいな海水、暖かい冬という組み合わせは、このように黒潮系海水によって支えられている。もし、黒潮が台湾から東シナ海に入らずに八重山諸島の南から沖縄本島の東を流れたら大変なことになる。沖縄では気温が下がり、サンゴ礁の風景も暖かい冬もなくなってしまう。

漂流軽石に付着する生物

海には量の差はあっても必ずプランクトンが浮いている。プランクトンとは水中や水面を浮遊する小型の各種動植物の総称で、この中には漂流する軽石を見つけると付着して成長するものがある。以下、漂流軽石に生物が付着した様子を、すでに述べた漂流軽石ごとに見てみよう。

西表海底火山軽石に付着した生物

すでに述べた西表海底火山軽石を調査した関は、軽石の漂流についてだけではなく、付着している生物についても報告している。噴火があったのは一〇月三一日（一九二四年）なので、漂流開始は一一月に入ってからである。ちょうど冬が始まる時期に漂流を始めたためであろうか、はじめのうちは生物の付着は見られなかった。

関の報告では、生物の付着は以下の通りである。最も早いのは、翌年一月中旬沖縄本島の本部に漂着した軽石に、カキ付着の報告がある。この軽石は二か月半もの間どこを漂流していたのか不明であるが、黒潮の暖かい海の中を反流などに戻されたりしながらのんびりと漂流するうちにカキが付着し、その後漂着したのであろう。この後は、三月末に屋久島で軽石に貝類の付着があった、という報告が最も早く、六月以降になると報告が増える。

付着した動物で最も多いのがエボシガイであり、これにカメノテもしばしば見られる。これ以外に、生きている小ガニ、俗称「せい」という貝、カキ、産み付けられた魚卵などである。函館ではイソギンチャクが付着したという報告もある。一方、植物ではアオノリが広範囲で観察されている。

このうち、カメノテは亀の手のような形をしているのでその名があり、フジツボの親戚である。塩ゆでにして食べるとエビとカニを合わせたような珍味だそうである。私は珍しいものは何でも試してみたい主義で、沖縄に来たときも最初の晩に山羊《ヒージャー》で泡盛を飲んだ。

カメノテも一度食べてみたいと思っているのだが果たせていない。軽石に付着したカメノテは大きくは育っていないはずなので、軽石研究のついでに食べることはできそうもない。小さいと食べる部分がほとんどないに違いない。

北海道駒ヶ岳の軽石

噴火が六月一七日（一九二九年）で夏に向かう時期だった。軽石が漂着したのは北海道南岸と東北地方東岸に限られた。その上、西表海底火山に比べれば軽石の噴出量が少なかったこともあって、漂着の報告は九月までの三か月間と短かかった。

その結果生物が付着するには時間が不十分で、付着の報告は五件に留まった。内訳は、ノリなどの海草が四件、カメノテが一件である。

写真7－16　福徳岡ノ場から沖縄に漂着した軽石。ハナヤサイサンゴが付着している。

福徳岡ノ場軽石の付着生物

噴火は一月一八日（一九八六年）で冬だったが、暖かい海域であり沖縄に漂着し始めたのはすでに夏の陽気の五月下旬だった。琉球列島に漂着した軽石には、西表海底火山の軽石でも広く付着が認められたエボシガイ以外に、ほかの海域には見られないサンゴの付着があった（写真7－16）。サンゴの種類はハナヤサイサンゴである。

これら動物は、漂流中に卵から幼生になる。蚊でいえばボウフラに当たる。こうしたものはプランクトンであり、漂っているうちに魚に食われておしまいになるものが多い。しかし、運良く軽石のような漂流物に巡り会うとこれに付着して育っていく。一方、軽石は波などに揺すられながらほかの軽石にぶつかるとかなり容易に削れていく。

付着生物の末路

運良く軽石に付着した生物は、お陰で魚に食われずに済み、命拾いをしてめでたく成長を続ける。だが、これでメデタシメデタシとはいかない。その前途はきびしい。生物は成長して次第に重くなっていく。その上、軽石は少しずつだが小さくなったり、水を吸ったりしていく。やがて軽石の浮力を生物の重さが上まわる。そうなれば軽石は海底に沈み、生物は死んでしまう。この生物にはもう一つ別の結末がある。

成長は続けるのだが、重さが軽石の浮力を上まわらないうちにどこかの海岸に打ち上げられる場合である。しかし、このときも陸にさらされるので、死ぬことは同じである。もし、まれにあるとしたら、サンゴ礁のような浅瀬に沈む場合である。このときはいきなり死ぬことはなさそうである。しかし、浅瀬の中を波で転がされて傷を負いそうで、まともに成長できそうもない。台風などが来れば、陸に打ち上げられたり逆に深い海に落とされる危険もある。

無断で他人の家に住みこみ、自分の都合だけで生きているうちに、やがてみずからが滅びてしまう、という話はイソップ物語にでも出てきそうである。

結局、サンゴのように本来岩にへばり付くべき動物が、根のない軽石に付いてしまったというスタートに運命の分かれ目があった。

漂流軽石の一生

急冷による亀裂

海底噴火で噴出した軽石はかなり割れやすい。火山が陸上にある場合と海底の場合とでは、噴出した軽石に違いがある。最も違うのは冷却速度の差である。陸の場合は高温のガスや火砕物に包まれて次第に冷えていく。

しかし、海底の場合は数百℃あった軽石がいきなり水と接触して冷やされる。すると、軽石の外側は冷えるが、内部はまだ高温という大きな温度差が生じる。そのため冷えて体積が縮まった外部と、まだあまり冷えずにいる内部との間にひずみが生じ、パチパチとヒビが入る。

さらに、ヒビに沿って水が浸入すると、はじめ気孔を満たしていた水蒸気が冷えて液体になり、気孔の中は減圧状態になる。するとさらに水が吸い込まれ、ヒビは拡大していく。こうしてヒビがあちこちにでき、何かに少しぶつかっただけで、このヒビに沿って割れていく。だから海底で噴出した軽石は割れやすい。

互いの接触による摩耗

割れた軽石の破面は当然角張っている。軽石同士がぶつかると、まずこの角が削れて丸くなり、次に軽石全体が少しずつ摩耗して小さくなっていく。このあたりの様子は、軽石を蒸留水で洗浄したときに観察できる。このことはすでに述べた。ただ、衝突がなければ摩耗はほとんどない。摩耗したときにできる軽石の小さな粉は火山ガラスであり、沈んで泥などと混ざって海底に堆積していく。

西表海底火山軽石の場合、漂着した軽石は火山に最も近い西表島で最も大きく、ここを離れるとどんどん小さくなっていった。福徳岡ノ場の場合、噴火の一年後に当たる一九八七年一〜二月に四国沖などで採集された軽石は、米粒大という限界に近い小さな粒で集団で漂流していた(9)。

吸水と生物の付着

漂流が始まると、軽石は水を吸って浮力が小さくなっていく。ただし、水の吸いやすさは軽石によってかなり差がある。軽石の気孔には、互いに独立しているものと連結しているものとがあり、この比率は軽石によって異なるからである。

気孔が連結していると、一度一つの気孔に海水が入ると、ほかの連結している気孔にまで浸入していく。しかし、気孔が独立しているとその気孔が壊れないうちは水が入らない。だから、独立した気孔が多い軽石ほど水を吸いにくく、したがって、沈みにくい(10章参照)。福徳岡ノ場軽石では、灰白色のほうが暗灰色のものよりも独立気孔が多く、吸水しにくい。上記のように、噴火の一年後、四国沖を米粒大になっても沈まないで漂流している軽石が採集されている。

軽石が各種の生物に取り付かれてその生物が成長すれば、やはり軽石は生物とともに沈んでしまう。溺れかけた人を救助しようとして接近したら、必死になって抱きつかれて動きが取れなくなり、泳げる人も溺れてしまうという浮かばれない話をたまに聞く。どこか似たような話である。

漂着した軽石

海岸に漂着した軽石には二つの違った将来がある。一つは、台風や高潮で洗われて再び漂流を開始するというコースであり、もう一つは、陸に固定されるコースである。

大きな波は、漂着した軽石を海に戻す場合もあるが、海岸からさらに奥に運ぶこともある。その結果、軽石が木の間に挟まったり根にからまったりすると、もう余程のことがない限り海には戻らない。

また、砂が軽石を覆えばやはり固定される。潮流のため海岸近くに砂が貯まりやすい所で、大波のため砂が打ち上げられたり、風で砂が吹き上げられる海岸などではこうしたことが起きる。砂丘層の中で軽石が見つかることがよくあるのはこれである。

8章　西表島群発地震

群発地震の推移

沖縄で大きな話題に

一九九一年一月下旬から、西表《いりおもて》島とその周辺で小さな地震が次つぎと起きた。群発《ぐんぱつ》地震の開始である。地元のマスコミはこの地震を大きく、頻繁に報道した。地震の成因として、どこか西表島の近海で海底火山が活動を始めたのではないか、という声も伝えられた。

私は毎学期、教養課程の最初の授業で学生にアンケートを行っている。講義のための参考資料とするためである。その中で、講義内容についての希望も書いてもらっている。例年だと特に記述がなく、何人かの学生が自分に関心が深い分野について知りたい、ということを書く程度である。ところが、群発地震が最初のピークを過ぎかけた一九九一年春の新学期では、半数近くが西表島群発地震の現状と今後や成因について知りたい、と答えていた。

このように多数の学生から、しかも同じ内容の要望が出たことは過去一〇年間なかったことである。この地震についての関心がいかに高いかがよくわかった。

二つの山があった

ふつうの地震では、はじめに小さな前震《ぜんしん》があり、その後でときに被害の出るような大きな揺れである本震《ほんしん》が発生し、その後、本震よりも小さい余震《よしん》が弱まりながら一定期間続く。それに

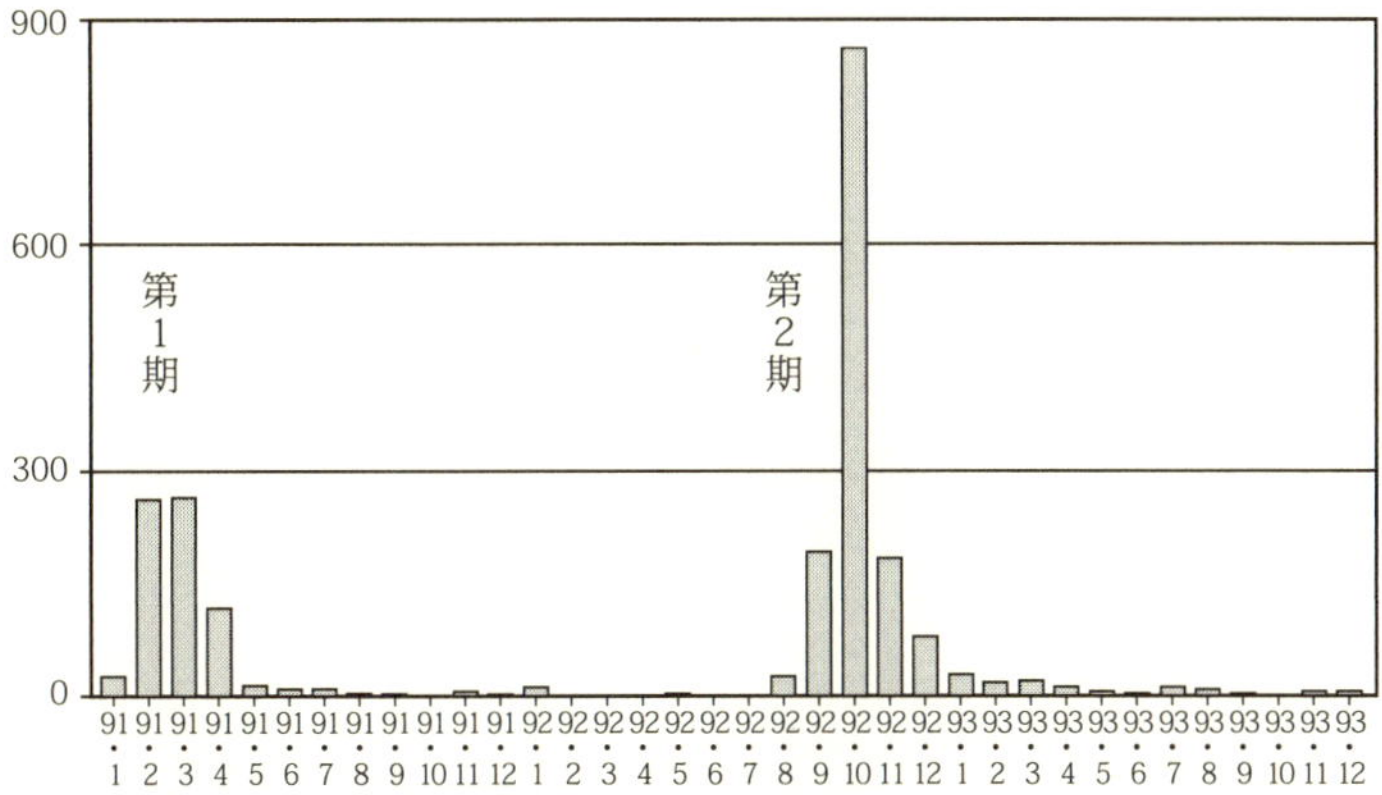

図8－1　西表島群発地震の月別有感地震回数。山が2つあった。

対して、群発地震ではあまり大きくない地震が、ある地域内で比較的長時間ぐずぐずと続く。

西表島群発地震は約三年間続き、一九九三年末ごろにはごくまばらになった。しかしその後も思い出したように発生し一九九四年末にはほぼ消滅した。この間、地震活動には二つの山があった。第一期は一九九一年の二月〜三月を中心とするもの、第二期は一九九二年の九月から一二月を中心とするものである。

この間の有感《ゆうかん》地震回数は、第一期では約七〇〇〇回、第二期では約一四〇〇〇回である。つまり、第二期には第一期の二倍の地震が起き、一期、二期の合計は二一〇〇〇回に達した（図8－1）。

動きまわった震源域

第一期の地震は、島北西部の租納《そない》から白浜にかけてだった。第二期では、はじめ島の西方沖だった

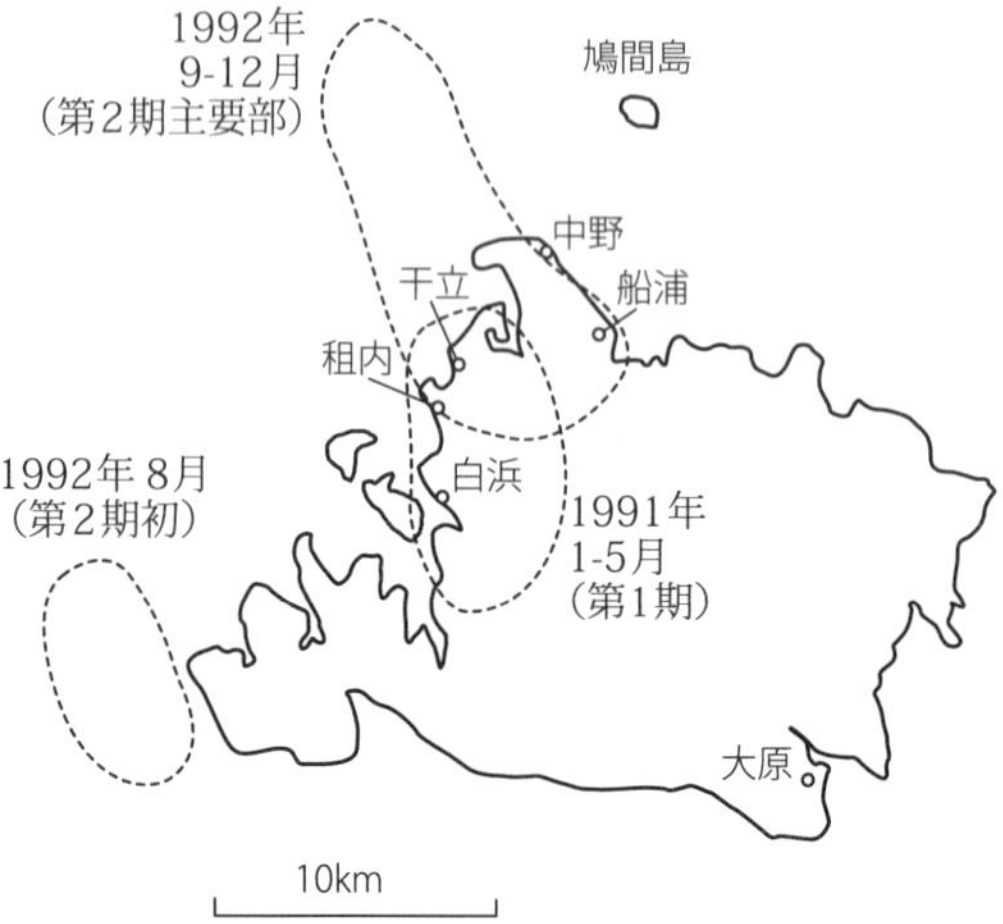

図8－2　西表島群発地震の震源域。時期によって異なった。

が、九月になると島北方の鳩間島西方沖で始まり南にも広がった。このとき震源域の南部は第一期の震源域と重なった[1](図8－2)。

西表島群発地震の特徴

震源がごく浅い

二〇〇〇回を超す地震に共通した特徴がいくつかある。一つは震源《しんげん》がごく浅いことである。具体的にはすべて震源の深さは一〇キロメートル未満で、はなはだしい場合は〇キロメートル、つまり地表というものもあった。ただし、これは地震計の記録からコンピューターが出したもので、地表といってもいいほど浅いという意味である。震源の深さは、記録では二〜九キロメートルのものが多かった。

測定というものにはどんなものでも必ず一定の誤差を伴う。精密な測定とは、誤差の幅が小さいということであって、誤差がないということではない。ごく浅い地震では、深さがマイナスになるということもある。これを真に受けると、地震が空中で起きたというスゴイ話になってしまう。

ごく浅いということは、震央《しんおう》、つまり震源の直上の地点では震源からごく近いが、水平に離れた別の地点では震源からの距離が急激に遠ざかるということである。また、震源がごく浅いということは、揺れが突然来るということでもある。

地震は、大きくても小さくても、一つの地震に注目するとまず最初に小さな揺れ、つまり初期微動が来て、次に大きな揺れ、つまり主要動が来る。これは震源から出た波に、スピードが速いP波と遅いS波があるためである。P波はスピードはあるが馬力がないのに対して、S波はP波の半分ほどのスピードだが馬力がある。P波とS波が到着する時間差は震源から近いと短いが、離れれば離れるほど長くなる。

初期微動とは、P波だけの揺れであり、P波は到着したがS波は未だ来ない、という時間帯に感じる揺れである。この初期微動が何秒続いたかを測り、七・五を掛ければ震源までの距離がわかる。逆に、震源までの距離を七・五で割ると初期微動が何秒なのかがわかる。たとえば、深さ六キロメートルの地震の震央では初期微動はたったの〇・八秒である。だから、そこにいる人は、初期微動という挨拶なしに、いきなり主要動で揺すられる感じになる。

マグニチュードが小さい

西表島群発地震のもう一つの特徴は地震の規模を表すマグニチュードが小さいことである。最大は第一期では四・三、第二期では五・二で、この五・二が全期間を通しての最大である。二〇〇八年の岩手・宮城内陸地震のマグニチュードは七・二だったので、最大の五・二はこれより二・〇小さい。

マグニチュードは〇・二違うとエネルギーが二倍違うので、二・〇の差はエネルギーでは約一〇〇〇倍の差に相当する。

また、第一期の最大四・三とは差が二・九になり、約二万倍の差になる。これを見れば、二一〇〇回も起きた地震の一つひとつがいかに小さなものだったかがわかるだろう。

震源がごく浅くてマグニチュードが小さいために、震央ではマグニチュードの割には震度が大きくてビックリしても、少し離れると急激に弱まって無感《むかん》地震、つまり人体には感じない地震になってしまう。マグニチュードが小さいために震度が小さく、二一〇〇回の有感地震のうち震度一が圧倒的に多くて全体の六〇パーセントを超えている。最大震度は、第一期では四、第二期では五だった。

音が知らせる地震開始

私は第二期の地震が盛んな時期に、何回か西表島の祖内《そない》・干立《ほしだて》周辺の地盤を中心に被害調査を行った。地元の人には悪いのだが、調査期間中は被害にならない程度の大きめの地震を体験したいものと、ひそかに期待していた。それには理由が二つあった。

一つは、この群発地震ではまずドーと音がしてから揺れ始める、ということを現地から戻ってきた人に聞いていたからである。こうした、音が先に来る地震というのを体験したことがない。その音を聞いてみたかった。大きめの地震のほうが音も大きいに違いない。もう一つは、ごく浅い地震というものを体験してみたかった。これも未体験である。

聞いてみたい揺れ前の音

昼間、野外調査をしている間は地震を感じなかった。そもそも歩き回っているのだから、震度一の地震は感ずるはずがないし、震度二でもわからないことが多いはずである。群発地震の六〇パーセント余りが震度一なのだから三以上には滅多に当たらないはずだ、と考えて期待もしていなかった。

問題は、夕方民宿に戻ってから翌朝までの間である。寝ている間に地震が来て音を聞き損なってはくやしい、などと考えたが、そもそも昼間は調査をし、夜は寝るために泊まるのだから、夜、音を聞きたいというのは難しい相談なのである。結局は、夕食が済むと昼の疲れで毎晩熟睡してしまった。

翌朝、恐るおそる民宿のおばさんに夕べ地震がなかったことを確認し、やっと安心して朝食をとるという始末だった。音だけが目的なら、昼も歩かずに宿でごろごろしているのが一番であるが、主目的は野外調査だったので仕方がなかった。

このようなわけで、音も揺れも経験できなかった。せめて朝夕の食事の時間にでも地震が来てくれればよかったのだが。

大学公開講座で地震体験

第二期の地震が下火になりかけた一九九三年の八月、琉球大学公開講座「地学巡検八重山」を実施し、石垣島に引き続いて西表島を巡検した（写真8－1）。三〇人ほどの受講者と島の地形・地質の勉強をすることが主目的だったが、皆に知れ渡っている群発地震に関連して、地震防災についても学ぼう、と考えた。

写真8－1　琉球大学公開講座。中央で説明しているのが筆者。撮影：野原秀俊氏。

いつものように、夕食後の勉強会も済んでビールなどを飲みながら談笑しているところに、期待していた地震が来た。ドーという鈍い音に包まれて一秒ほどで震度二くらいの揺れを感じた。参加者一同大いに喜んだことはいうまでもない。あとで調べると、このときの最大震度は三だった。

公開講座の地学巡検シリーズは、一九八五年から毎年実施しており、琉球列島の島じまを次つぎと巡っている。早い時期から同窓会もできて、私の退職後も元受講生の要望に応えて続けてきた。思えば、大学で二〇年間公開講座を実施してきたので、講座という窓を通して社会と繋がることができた。その結果、研究室にいただけでは考えられないたくさんの社会人との繋がりもできた。最高齢者は私より一回り上である。私のほうが学ぶことも多い。

音が先に来るワケ

ところで、なぜ音が先なのか。音は空気中を秒速三四〇メートルほどで伝わる。しかし、地震波は、遅いほうのS波でも秒速四キロメートル弱で伝わり、音よりも一〇倍以上速い。だから、地震と同時に出た音は、地震よりずっと遅れて到着するはずである。だから、これでは音が先に来ることを説明できない。でも、考えてみれば、震央でそんな音が出るはずがない。われわれが聞いたのは震央から出た音ではないのだ。

マグニチュードが小さいので、最初に到着するP波の揺れ、つまり初期微動をわれわれの体は感じない。しかし、建物や家具などは、かすかではあるが細かく振動する。そのため音を出す。これが揺れる前に聞こえる音であろう。次に遅れて到着したS波が人体に感じる揺れをもたらし、再度家などが揺れる音がする、ということだろう。P波をもとに地震を知らせることは緊急地震速報と似ている。

公開講座のとき体験した地震は、あとで調べたら、震央まで五キロメートル、深さ五キロメートルだった。だから震源までの距離は七キロメートルという計算になる。これはＰ波とＳ波の時間差で約一秒に相当する。これはあのときの音から揺れ開始までの時間差の感じと一致する。

こうした話を、地震取材で現地に滞在中のテレビ関係者に話をした。熱心な彼は頭をひねり、地面に穴を掘って空間を作り、中央にマイクを埋めて録音器に繋いだ。これで揺れの前に来る音が録れたらニュースのネタになるはずだ。うまくすると地表で聞く音よりもはっきりしていて、しかも迫力があるかもしれない。彼はそう期待した。

後日結果を聞いたら、ダメだったという。結局、建物や家具などが揺れるから聞こえるのであって、地面の中では地震波によって振動するものは土だけだから音にならないのだろう。でも、彼の熱心さと工夫・挑戦する姿勢には感心した。

地震の被害

西表島群発地震は小さな地震が多かったのだが、第二期に最大震度五の揺れがあった。これによって石垣が崩れたり民家の壁にヒビが入る被害が発生した。沖縄で石垣の石といえばほとんどが琉球石灰岩《りゅうきゅうせっかいがん》である。被害の話に入る前に、琉球石灰岩について説明しておこう。

琉球石灰岩

琉球石灰岩は、かつてサンゴが浅海に作ったサンゴ礁が干上がり、いま陸に分布しているものである。そのため、石になったサンゴ礁と呼ばれることもある。近づいてよく見ると、サンゴ以外に、貝や砂粒のような有孔虫《ゆうこうちゅう》、数センチメートル前後の丸い石灰藻《せっかいそう》などが見える。

沖縄の観光のポイントになっている首里城《しゅりじょう》の石垣は琉球石灰岩の代表である。沖縄本島の本部《もと ぶ》半島北部にある今帰仁《なきじん》城は例外であるが、これ以外の沖縄の城は琉球石灰岩で石積みをしている。つまり、沖縄にはそれだけ琉球石灰岩が広く分布しているということである。沖縄本島では島の南部とこれを取り巻く小さな島に、また、離島では宮古《みやこ》諸島、八重山《やえやま》諸島に広く分布している。また、これらの地域の海岸で崖を作っている岩石は琉球石灰岩のことが多い。

琉球石灰岩の分布を北に見ると、鹿児島県の奄美《あまみ》大島やその東の小島である喜界《きかい》島あたりまでである。それより北の屋久《やく》島や種子《たねが》島およびその北にはない。そのため名前に琉球の字が付いている。この分布範囲は黒潮海域と一致している。

黒潮は琉球石灰岩の分布範囲では島の西側を流れているが、これを過ぎると琉球列島を東に横断して太平洋に出る。黒潮海域では海水が暖かいのでサンゴが育ち、サンゴ礁が形成される。サンゴとサンゴ礁は違う。

琉球石灰岩ができた時代はとても新しくて数十万年前であり、海の状況は現在と大差ない。これは琉球石灰岩に含まれている微化石、つまり砂粒のような小さな化石を見ることでわかる。なお、本土に分布しているセメントや建築材などに使われる石灰岩は、一〜二億年前の古いものである。沖縄の今帰仁城の石灰岩も同じように古い。

石灰岩は大部分が、炭酸カルシウムの結晶である方解石《ほうかいせき》でできている。そのため鉄より軟らかくて細工しやすい。特に琉球石灰岩は新しいために大小さまざまな空隙があり、切断などの細工がしやすい。その代わり、この空隙にコケなどが付くために汚れやすいという欠点もある。

崩れた石垣

石垣には積み方が三種あり、城の石垣や王の墓などでは、石を互いに噛み合うように加工してから積み上げるので、震度五程度では崩れにくい。それに対して、民家などではほとんど加工せずに、拾ってきた石を積み上げていく野面積《のづらづ》みという簡単な方法で石垣を作っている。そのために揺れに弱く震度五強になると崩れることがある。こうした石垣の隙間にはハブが棲んでいることがあるらしい。

第二期の中で地震が最も活動的だった一九九二年一〇月中旬には、震度五の地震が計五回、一一月中旬に一回あった。一〇月は一四、一五、一八日の各一回と二〇日の二回である。このうち、一四、一五日の地震では干立と租内で石垣が崩れたり、壁にヒビが入る被害が発生した。幸いに石垣の近くに子供がいるようなことはなく、けが人は出なかった（写真8－2）。

地震の後、両集落の現地調査を行った。集落内をくまなく歩いて崩れた石垣の方向を調べると、崩れたのは西北西—東南東方向の石垣であり、これに直角に近い南北ないし北東—南西方向の石垣には崩れたものがなかった。

一般に長いものはそれに直角方向の揺れに弱く、長さの方向の揺れには強い。だから、このときの地震はほぼ南北方向に揺れたことが推定できる。こうしたことはブロック塀ではよりはっきりしている。

一九七八年宮城県沖地震でもほぼ南北に揺れたために、東西方向のブロック塀に被害が多かった。当時住んでいた仙台の私の家でも同じことが起き、東西方向の道に面する塀が付け根から北側に倒れて、家が道路から丸見えになってしまった。まるで覗かれているような感じがして、修理が終わるまでしばらく落ち着かない日を過ごしたことを思い出す。このとき酒屋では、棚が南北方向のビンは無事だったが東西方向の棚では落下した酒が多かったという。

転倒の様子から地面の揺れを調べるのに最も好都合なのは墓である。沖縄以外では墓石は比較的単純な直方体の石を積み重ねているので、地震で転倒

写真８－２　崩壊した石垣。西表島の祖内。

しやすい。この倒れた墓石の方向やズレの向きを調べると揺れの方向がわかる。塀は長いので、その塀に斜めに揺れたときは揺れの方向がよくわからないが、墓石はどの方向にも倒れるので調査にとって都合がよい。ただ、直方体のときは底面の対角線方向にはやや倒れにくいので、円筒形だと理想的である。

地域全体の揺れの方向は地震計でわかる訳であるが、個々の地域・地盤の動きはこうした方法で知ることができる。

地震は火山性か？

行われた総合的な観測調査

この群発地震では、成因は何かという問題の解決をめざして各種研究機関が地球物理学的な観測網を引いた。すなわち、地震計による地震の精密観測以外に、次のような観測が行われた。

・島を四分の三周ほど取り巻くように水準点を設置して地殻上下変動の水準観測
・プロトン磁力計による計一六点での地磁気観測
・船から垂らしたハイドロフォンを用いた海底音波観測による地震観測

一九九三年の地震学会では西表島群発地震についての特別会場が設けられ、集中的に発表があった。このとき、一つの群発地震でこれほどまでに多角的な詳しい観測がなされたことは過去なかった、という発言がフロアーからあった。そのくらい総合的な観測調査が行われた、ということである。

こうした地球物理学的な調査とは別に、私は火山学の立場から軽石について地球化学的な調査を行った[2][3]。

軽石漂着騒ぎ

地震活動の第一期にあたる一九九一年一〜二月、西表島北部の中野の海岸で軽石の漂着が発見された。そのため、マスコミではこの群発地震は火山性なのか、そのうち近海で海底噴火が起きるのではないか、と案ずる報道がなされた。

引き続いて、第二期の地震活動がピークを迎える一九九二年の九、一〇月、今度は干立の海岸に軽石が漂着した。

2章で述べたように、西表島の北では一九二四年に西表海底火山の噴火があり、大量の軽石が漂着したことがある。このことも人びとの頭にあったのだろう。

写真8－3　西表島干立に漂着した軽石。

軽石漂着状況

一九九一年に中野の海岸に軽石が漂着したのは、一月末から二月初めにかけてで、海岸線の長さ五〇〇～六〇〇メートルにわたって確認された。大きいものは二〇センチメートルほどで、一センチメートル以下のものもあった。群発地震回数が第一期の最大に達したのは二月初めで、漂着の時期はこれとほぼ一致する。

一九九二年に軽石が漂着した干立は、中野の南西五キロメートルで、中野よりも震源に近い位置である。漂着は九月二九日と一〇月一八日の二回で、海岸線に約一〇〇メートルにわたって打ち上げられた（写真8－3・8－4）。このときは中野では漂着がなかった。

軽石の量は一九九一年の中野よりは少なく、一九九二年の二回の漂着では九月のほうが多かった。大きさは一〇センチメートル以下で、一センチメートルにおよばないものもあった。

　地震との関係では、九月の漂着は群発地震が最大に達する直前の極大期とほぼ一致し、一〇月の漂着は最大期そのものに一致する。

漂着軽石の性質

　早速、採集した軽石の観察・分析を行った。何種類かある軽石のうち、見ただけですぐ見当がついたのが福徳岡ノ場の軽石である。例のゴマ粒のような捕獲岩や、灰色から暗灰色に変化する様子など、私にとって昔なじみに会った感じがした。

　もう一つは、琉球列島の砂丘を含め広域的に分布している黒褐色のスコリアであり、これには貝殻などの生物遺骸が付着しているものが少なくなかった。

　漂着軽石のなかで、いかにも新鮮なのは福徳岡ノ場と西表海底火山の軽石だけである。ほかの軽石

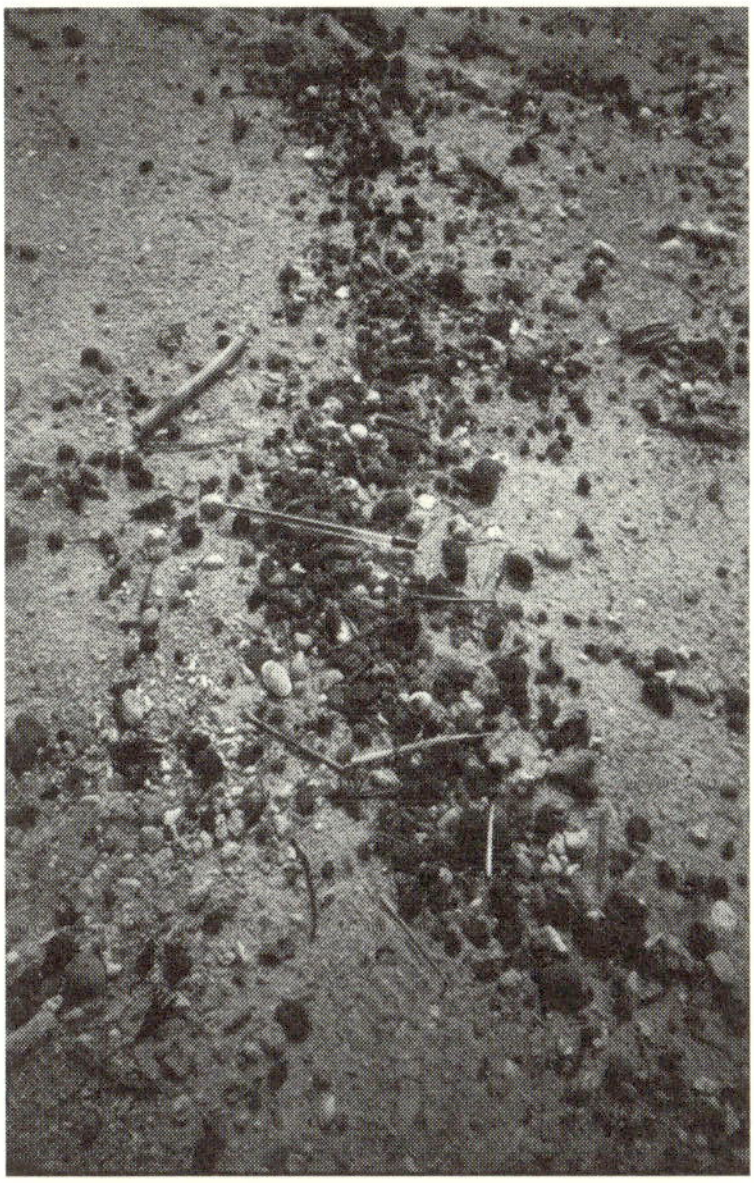

写真８－４　西表島干立に漂着した軽石。黒褐色の軽石が多い。

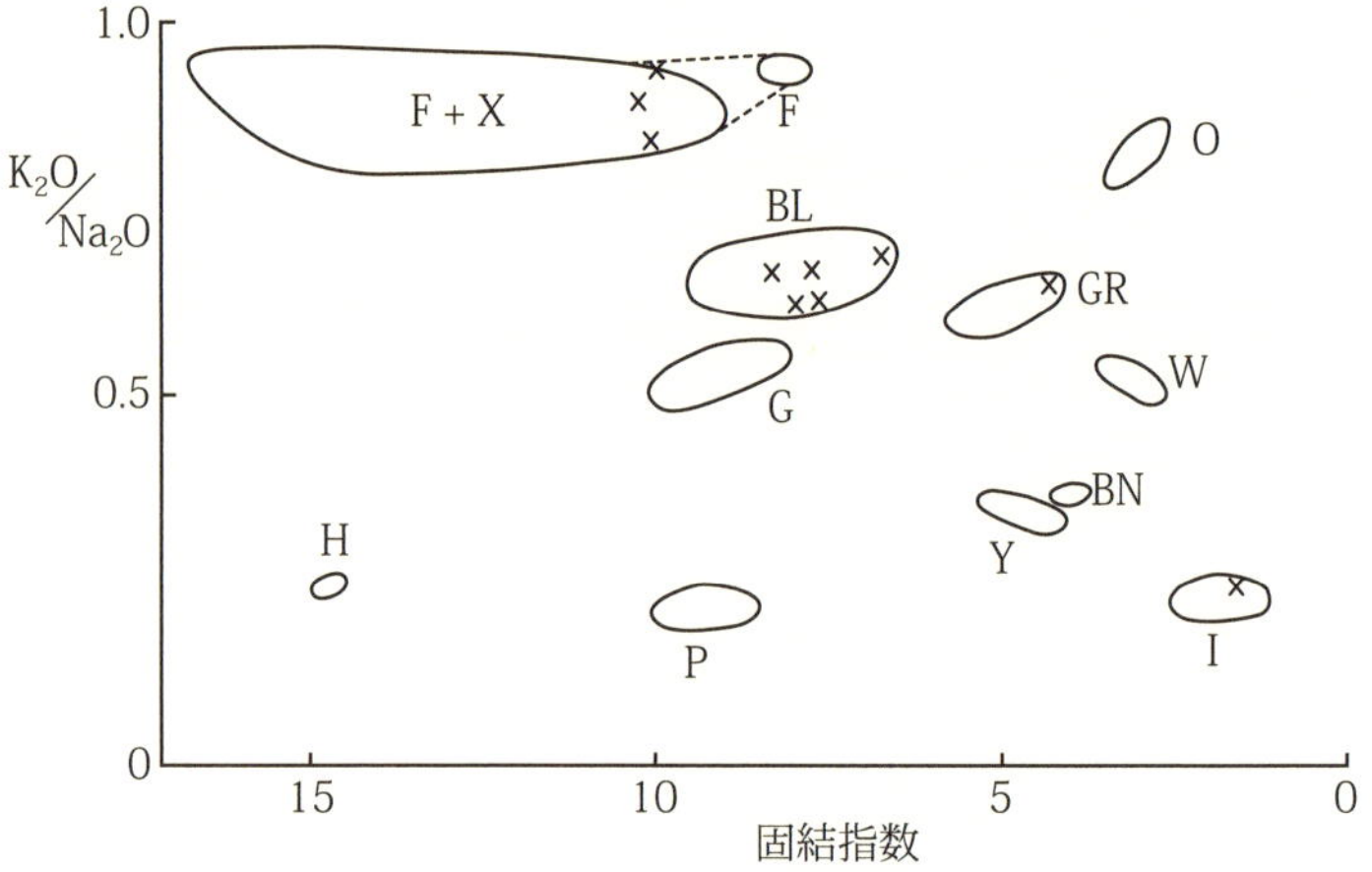

図８－３　西表島に漂着して地震が火山性を疑われた軽石の成分を×でプロットすると、すべて既知の軽石の成分範囲に入る。この軽石は地震と関係ない。

は古そうで、生物遺骸が付いているものなど、見ただけで群発地震との関係は考えられなかった。でも、見た感じだけで結論を出すのは危険なので、早速化学分析に取りかかった。

琉球列島に漂着した軽石の化学成分についてはすでに分析済みであり、表５－２（九〇ページ）にその結果を示してある。また、その成分を固結指数とK_2O／Na_2Oを軸に取ったグラフに示し、各軽石が図上の決まった場所に分布する様子も示してある。

図５－２（八八ページ）に今回の分析結果をプロットすると、予想通りにＦ＋Ｘ、つまり福徳岡ノ場の軽石と、ＢＬ、つまり琉球列島に広域的に広がっているスコリアだった。また、一九九一年、中野に漂着した軽石の分析値もＦとＢＬがあり、これ以外にＩ、つまり西表海底火山の軽石と、灰色のＧＲ

があった[4]（図8－3）。

このように、一九九一、一九九二年に漂着した軽石・スコリアはすべて私が群発地震の一〇年前に琉球列島の海岸で採集・分析したもののどれかと肉眼的特徴・化学成分が一致し、新しい軽石はなかった。つまり、漂着軽石は群発地震とは無関係だった[2][3]。

では、なぜこの時期に軽石が漂着したのだろうか。

軽石漂着の理由

軽石漂着には二つの可能性が考えられる。一つは水準測量で得られた地殻の変動である。この測量によれば、島の南東部を基準にすると、島の北西部の地震群発域では、一九九一年五月から一九九二年一一月の間に四センチメートル沈降している[5]。この沈降域の中心に軽石が漂着した干立がある。

この付近では川の河川勾配が非常に小さく、満潮時に海水が陸側にさかのぼる汽水域が発達している。また、川の流域にも低湿地帯がある。こうした所ではわずかな沈下が起きても満潮時の水は陸地側に大きく食い込むことになる。そうなると、通常波の来ない位置に打ち上げられていた軽石が波にさらわれ、再漂流を始める可能性がある。

もう一つは、潮位変化と地震発生との関係である。すでに述べた通り、一九九一年に中野の海岸に軽石が漂着したのは、一月末から二月初めにかけてである。一方、地震回数が第一期の最大に達したのは二月初めで、漂着の時期とほぼ一致する。一九九二年の干立漂着では、九月は第二期の群発地震が最大に達する直前の極大値とほぼ一致し、一〇月の漂着は最大値そのものに一致する。

こうした地震活動と漂着との一致に加えて、一九九一年の一月三〇日は満月であり、一九九二年の九月二六日は新月に当たっている。だからいずれも大潮だった。したがって、打ち上がって何かに引っかかっていた軽石や、砂丘などに挟まっていた軽石が地震の揺れで崩れ落ち、高潮位になった海水に運ばれた可能性がある。

ただし、一九九二年一〇月一八日の漂着は下弦なので小潮に当たり、漂着軽石量も最小だった。その代わりこの日の地震は全群発地震中最大の震度五だった。この直前の一四、一五日にも震度五の地震があり、干立と祖内で石垣が崩れる被害が出ている。

こうしたことで、九月二六日の砂丘の崩れ残りが大きな揺れで再度崩れるなどして再漂流した可能性が考えられる。

西表島群発地震の成因

群発地震が火山性であることを示す証拠は得られなかった。一方、地球物理学的に行われた総合的な観測調査でも成因を決定づけるには至らなかった。そうした中で私が成因として考えたのは、かつて長野市の松代《まつしろ》で起きた「水噴火」だった(6)。

松代群発地震

長野市で起きた松代群発地震は一九六五年八月から三年間ほど続いた。この地震では震度五が九回、震度四が五〇回あり、有感地震が計六万回もあった。負傷者一五人のほか、家屋全半壊、山崩れ・崖崩れなどもあった(7)。そのためほかの土地に移転したいという人が少なからず出てきて、地域一帯の地価が下がるという社会現象も発生した。

震源が浅いことは西表島と松代で共通していた。しかし、震源域は西表島では場所を変えたのに対して松代では皆神山《みなかみ》(写真8-5)を中心に拡大していった。活動のピークは西表島では二つあったが、この地震では三回あった。この地震についても総合的な観測調査が行なわれ、成因は何か、火山性ではないのか、という検討がなされた。

写真8-5　皆神山。ここの地下を中心に群発地震が発生した。

西表島群発地震と違うのは、隆起が進行し最大九〇センチメートルほど高くなったことと、地下水の湧出である。第二期から始まっていた湧出は第三期に入ると隆起地域一帯で発生し、静かだったこの地域に流水音が響いた。湧水はその後、一、二か月で衰えたが総量約一〇〇〇万立方メートルと見積もられている。

湧き出した水は炭酸ガスに飽和し、塩化カルシウムを多量に含んでおり、最高三〇℃だった。この後、松代の地震活動は衰え、湧水量に見合う量の沈下があった。出た分凹んだということである。

このことから、地下水がマグマと同じ役割をはたし、湧水という「噴火」があって地震も治まったのである。そのため、これを水噴火を呼んでいる(6)。

軍部が作った地下壕

第二次大戦の末期、軍部は敗色濃厚だった中で、松代にシェルターとしての地下壕を密かに建設していた。本土決戦に備えて大本営や皇居、政府諸機関の主要部、NHKなどをここに移転する予定だった。地下壕は三か所にあり、その総延長は一〇キロメートルにおよんだ。地下壕工事には六〇〇〇人といわれる朝鮮の人びとが従事させられたという。敗戦と同時に工事は中断した。予定の四分の三まで終わっていた(8)。

このうちの一つ、舞鶴山《まいづるやま》地下壕は総延長二・六キロメートルあり、皇居にする予定だった部屋もある。後にここに地震計が置かれたため、偶然にも松代地震は近くでよい測定ができた。現在は気象庁精密地震観測室となっている。地下壕は地盤がしっかりしているので地震観測には最適なのである。

また、象山《ぞうざん》地下壕には見学コースがあり、総延長五・九キロメートルのうち五〇〇メートルの区間を見ることができる。コースに直角に延びる暗い坑道の様子ものぞける。

火山岩に掘った象山地下壕の薄暗い坑道に立つと、裏側の坑道で削岩機が岩に孔《あな》を空けるときの機関銃のような音や、ダイナマイトで崩した岩石をシャベルでトロッコに積み込む音、時どき聞こえる発破による空気の振動と地響き、工事人夫を怒鳴りつける軍人の声などが聞こえてくるような気がする。そして、私がかつて短期間鉱山で働いていたときの、坑内特有の匂いが思い出されてくる。

西表島群発地震の成因

西表島群発地震の成因として、松代群発地震と同じ水噴火の可能性はないか、と考えた。西表島地震は松代地震と異なる点もあるが、共通することもある。そこで、一九九二年一一月、地元マスコミを通して西表島の人たちに呼びかけを行った。松代のように水が湧き出せば凄いが、そうでなくても井戸の水位が高くなる、水質が変るなど、水に関連した変化があったら連絡してほしい、と。

しかし、一件の応答もなく、そのまま地震活動は次第に弱まっていった。結局、はっきりした地震の成因がわからないまま群発地震は終わってしまった。

写真８－６　津波避難所の一つ。西表島祖内。

津波避難騒ぎ

第二期に入って震度五の地震が発生し被害が出るようになると、津波を警戒する声が次第に高くなってきた。その結果、津波避難所を各集落が作るようになった。八重山では、一七七一（明和八）年に八重山地震津波、別名明和《めいわ》の津波が発生し、一万二〇〇〇人という日本津波災害史上四番目の大津波が発生した。津波高は約三〇メートルだった。

古文書の記録から八五メートルと信じている人もいる。この史実が頭にあるためか、作られた避難所は二〇メートルを超すものが多く、三〇メートル以上のものもあった。まるで集落ごとに高さを競っているかのように高い場所が多かった。

現地で見せてもらうと、丘の斜面に新たに歩道を切り開き、急なのでロープで上がるというものまであった。これでは老人は避難所に上がれないであろう。住居からの距離も遠いものが多かった。その上、避難所には雨風を防ぎきれない簡易テント、仮設のトイレ、薄暗い電気があるという程度だった（写真８－６）。

「八重山地震津波は世界的な大津波であって、今回の地震で津波が発生するとしてもこれよりはずっと小さい。だから、海岸近くでもしっかりした建物なら二階は安全圏内なので、もっと避難しやすい場所にすべきである」ということを地元の新聞に書いた。そうしているうちに地震も治まりはじめ、避難所も次第に撤収されていった。

結局、津波は一度も起きなかった。津波避難所は住居からなるべく近い、小高い場所がよい。高いことはいいのだが、そこまで行くのに時間がかかっては津波に追いつかれてしまう。

風評被害

観光が大きな収入源である沖縄にとって、群発地震による風評被害は大きな問題になった。西表島や石垣島を中心とする八重山諸島では観光客が大幅に減って、かなりの経済的打撃になった。特に西表島では客が激減した。石垣島まで行った人が、西表島は危ないから今回は止めておこう、という。そればかりか、遠く離れて何の関係もない沖縄本島にも影響はおよんだ。予定コースが沖縄本島だけなのに修学旅行を沖縄県以外に変更する学校が現れた。これにはビックリを通り越して唖然とした。

那覇から西表島までの距離は、東京から盛岡までの距離に相当する。つまり、たとえば関西の人が盛岡で地震が続いているので、東京は危なそうだから行くのは止めよう、というような話なのである。地震についての正しい情報・知識がないことがこうした判断をさせたのであり、風評被害の恐ろしさをあらためて実感した。その後も国内で地震が発生しているが、そのたびにこのときの風評被害を思い出してしまう。

私はかなりの人から、西表島に行きたいのだけど大丈夫か、という相談を受けた。あの程度の地震ではめったにケガもしないし、ましてや津波も来ないから行ってきたらいい。ただし、念のため、波打ち際で強い揺れを感じたら近くの小高い所に逃げたほうがいい。それよりも、音が知らせる地震を体験できるいいチャンスなので、ぜひ行ったらいい、と旅行を勧めてきた。津波はマグニチュードが六・五を超えないと起きないが、この群発地震の最大は五・二でしかない。これでは津波の起きようがない。

こういう話もあった。西表島に行く用事があるのだが、と奥さんに話したら、こんなときに西表島に行って、もし私たちが残されたらどうなると思っているのか、と噛みつかれて困っているという。地震については大丈夫。でも旅行後に家庭に余震がおよぶかどうかは保証できませんが、と答えた。

報道のありかた

思えば難しい問題である。マスコミは被害があった部分を報道し、被害のない所はニュースにならないから伝えない。だから遠くの人が報道だけを見ていると西表島全体で被害が出ていて、島全体が危険であるように見えてしまう。その結果、観光客は西表島を避ける。

私が仙台で一九七八年宮城県沖地震に遭ったとき、私の団地で大きな地盤災害と、それによる建物被害がかなり出た。マスコミは崩れた地面や壊れた家だけを写すので、団地全体がダメになってしまったと思った人が少なくなかった。現に、遠くにいる知人から、そうした内容の心配や見舞いの電話がいくつかあった。

望むらくは、マスコミは被害部分の報道に加えて、同じ団地の少し離れた所ではなぜ無被害だったのかを伝えるという掘り下げが望まれる。こうした厚みのある報道は見ているほうもおもしろいし、あらぬ誤解も起こさずにすむ。

西表島の場合でいえば、石垣が崩れたのは干立と祖内の集落だけで、ほかの場所では無被害であり、なぜそんな差が生じているのか、ということも伝える。そうすることが風評被害を抑えることになる。被害のみを大きく取り上げたままで放置すると、結果としてマスコミは風評被害の加害者になってしまう恐れがある。

西表効果

沖縄には地震がない、とか、地震はあっても大きいのは来ないという迷信がある。沖縄に来る前年に宮城県沖地震に遭い、被害調査をするなかで地震防災の重要性を思い知らされていた。そうしたところで沖縄の迷信を知りびっくりした。これが迷信であることは、過去の地震計の記録を見ただけでも明らかである。以来、私はこの迷信退治にずっと努めてきた。大学の授業ではもちろん、マスコミを含め、いろいろな機会を見つけて地元の人に訴え続けてきた。少しはその成果が上がっていると思いたいが、はなはだあやしい。

そうしたところで西表群発地震が発生し、これをマスコミが連日報道した。そのおかげで、迷信退治が少し前進したのでは、と思っている。それで私はこれを西表効果と呼んだ。石垣は崩れたが、幸いにケガ人は出なかった。この程度の被害でこの迷信が完全に退治されれば万々歳である。

でも、あれは八重山のことで沖縄本島ではやはり地震がないんだ、という人に出くわすと、相手はしぶとく迷信退治はまだ先が長いと感じる。

なにしろ、沖縄の方言で地震は「ナイ」というのだから。

9章　遺跡から出てくる軽石

遺跡調査の誘い

砂丘層中に見つかる遺跡

沖縄で遺跡は海岸線沿いの低地部とそれより内陸側の平地などに分布している。このうち、海沿いの遺跡を発掘すると、軽石が頻繁に出てくる。これは砂丘層中に軽石が挟まれているためである。かつて人が住んでいた平地が砂で埋まり、そのとき海岸に漂着した軽石が間に挟まり、それが今は砂丘堆積物の一部になっているからである。

私は遺跡の発掘調査を遠くから見たことはあっても、直接間近で触れる経験はなかった。それが体験できる機会が巡ってきた。遺跡発掘中に出てくる軽石が気になるので、これを調べてくれないかという、私にとっておもしろい依頼があったのである。発掘そのものに興味があったし、遺跡からどのような軽石がどのように出てくるかは大いに知りたいところだった。だから喜んで参加させてもらった。琉球大学医学部の土肥直美《どいなおみ》さんの研究グループだった。

土肥さんはすでに沖縄のいろいろな遺跡の調査を行っており、人骨の発掘が主な目的だった。人骨が出れば、そのことから当時の人たちの体格だけでなく、生活様式、集団の様子、埋葬法などの文化が推定できる。さらには、琉球列島は人類移動の南の入口という重要な地理的位置にあるので、人骨から日本人の成立を考える上での重要なヒントが得られる可能性がある。

こうしたことから、琉球列島の人類史を考える上で特に重要な先島での発掘を計画した。二〇

写真9－1　宮古島浦底遺跡遠景。海岸沿いの低地面に遺跡がある。

〇一年これにお誘いを受けたというわけである。

発掘場所は宮古島の浦底《うらそこ》遺跡である。努力のかいあって、二〇〇二年にはここで成人女性の人骨一体分を発見している。

浦底遺跡

浦底遺跡は宮古島北東海岸の東南部に広がる砂丘堆積物中にある。海岸は北西－南東に延びている。浦底遺跡の南東にはアラフ遺跡がある。

両遺跡とも南西に標高七〇メートルほどの丘陵を控えており、その斜面から水が湧いているので、ここは冬の北風を除けば、当時の人にとって生活しやすい環境だったと思われる（写真9－1）。

二〇〇一年八月、現地に行くと、海岸より一段高い標高三～四メートルの地形面に道路・畑・林がある。そのうち、道路にかからない部分に、一

写真9－2　浦底遺跡での発掘作業。

辺二メートルほどの四角形に掘り下げたテストピット（試掘孔《しくっこう》）がある（写真9－2）。

深さ二メートルほどまで掘り進んであり、一角にハシゴが立て掛けてある。垂直な壁に黄色味を帯びた白い砂丘断面が見える。

断面の最上部層は地表の黒い土が混じった黒っぽい層である。その下には、砂が何回にも分けて堆積したことを示す水平な模様が見える。発掘の専門家が、箸のような棒で壁に横線を引いて、層を分けていく。

最上部の黒っぽい層をⅠ層と呼び、以下、下に向かって数字が増えるように番号を付けていく（写真9－3）。当然、深いほど層の数字が増えていきX層を超えることもある。

砂丘層についてこうして層準を分けていくのは未経験なので黙って見ているのだが、なぜそこが次の層準との境界になるのか、というのがよくわからない。地質屋としては気になるところである。

問題は、一つのテストピットについては数字が大きいほうが古い、という統一性があるからいいのだが、たとえば、別のテストピットの層と数字が同じだから同じ層準、つまり同じ時代である、という保証があるのかがとても気になった。別の人が線を引いても同じ位置に引くのだろうか。このあたりは、ピット間の層準の対比を行う必要ができたとき、層の数字が大きいときほど問題になりそうだ。

底の面では遺物や人骨が出ないか、慎重に手で掘っている。掘って出た砂はバケツに取って地表面まで上げて捨てる。遺物などを壊さないように、足は素足か靴下での作業である。それらしいものが出ると、埋まったままでのスケッチを取ったり写真を撮ったりする。原則として前屈みでの長時間作業である（写真9－2）。

いろいろな日程上の都合で、暑い盛りの発掘になっている。だから日除けを掛けているが、掘っている所には風があまり行かない。そうした中で黙々と作業を続ける人はホントに凄いと思う。

写真9－3　中央少し下の黒いザラザラした部分が軽石密層。撮影：土肥直美氏（下の写真も）。

写真9－4　右端人物の右の黒い部分に軽石が集まって出ている。

前屈みの鼻の頭から汗が垂れているのではないだろうか。発掘を専門にして興味を持っているから続けられるのに違いない。脱帽である。

私はといえば、残念ながら背骨に問題があるために、前屈み、特にしゃがむ姿勢は禁物である。一時的には大丈夫なのだが、これをすると後で痛みにいじめられる。だから、申し訳ないけれど掘る作業はできない。上で立ったまま見ているだけである。軽石の産出状況に注目しているのだが、作業の進行にとってはなんの戦力にもならない。

壁の砂丘断面に時どき軽石が見える。黒褐色のものが多いが、白っぽい軽石もある。砂が白いので黒褐色のほうが目立つ。軽石は層状に挟まっていることもあるが、まばらなこともある（写真9－3・9－4）。

大きさは一センチメートル前後の小さなものから一〇センチメートルを超すものまでさまざまである。こうしたことは海岸に漂着した軽石とよく似ている。海岸でも軽石が多い所、少ない所、ほとんどない所がある。大きさもいろいろである。

時代を決める火山灰層

日本史の古いほうを時代をさかのぼっていくと、古墳時代、弥生時代、縄文時代、石器時代となる。こうした古い時代にできた地層がいつの時代のものなのかを調べる方法として、火山灰が役に立つことがある。たとえば、AT《エーティ》という名前が付いた広域テフラがある。

姶良Tnテフラ

ATは姶良《あいら》Tn《ティーエヌ》の略称である。鹿児島湾北部で噴出したATテフラは南西の風に飛ばされて広く移動し、ほぼ日本中に降り積もっている(1)(図9－1)。

写真9－5 入戸火砕流中の軽石。

テフラとは火山灰で代表される火砕物のことである。上空に噴き上げられた火山灰は偏西風に運ばれて広く堆積し、遠方にいくと次第に層は薄くなっていく。この噴火のときに同時に出た火砕流が入戸《いと》火砕流(写真9－5)で、この白い堆積物は地元でシラスと呼ばれている。

降ったか流れたかの違いだけで、これもATである。風に運ばれて降る火山灰と、地表を流れる火砕流が同時というのは妙な気もするが、それは以下のようなことである。まず、噴煙の上昇を考える。

噴火によって高温で多量の水蒸気を含んだ噴煙が上がる。噴煙が上昇するのは、ごくはじめは噴き上げられた勢いであろうが、それだけでは空気の抵抗ですぐ止まってしまう。勢いだけで上れるのは一〇〇〇メートル程度であろう。これ以上高い所に上昇する力の基本は空気に対する浮力である。つまり、周りの空気より軽いことである。

最初は、高温のために軽い。上昇につれて冷えてくると水蒸気が水滴になり、このとき多量の凝結の潜熱が発生する。そのため熱が得られて、さらに上昇する。これが冷えると水滴が氷の粒になる。ここで今度は凍結の潜熱が発生する。

高度七〇〇〇メートルでは気温がマイナス三〇℃、一万メートルではマイナス五〇℃ほどなので、〇℃に冷えた噴煙でもまだ周りの空気よりも十分に暖かい。こうして噴煙は熱の「貯金」を使いながら対流圏の上層部にまで達することができる。もちろん初めの水蒸気の量が十分でなければ上昇は途中で止まってしまう。一方、噴煙に含まれる火山灰が細粒だと軽いので上昇しやすい。

この高度では、偏西風の中にある強風であるジェット気流が吹いているので、これに巻き込まれると火山灰は高速で東に運ばれる。このような噴煙の上がり方は積乱雲（入道雲）も大体同じである。だからどちらも遠方から見ると形が似ている。積乱雲も上部は氷の粒でできている。

一方、噴煙の中下部の比較的重い部分はしばらくすると重力に負けて下り始め、地表を低いほうに流れて行く。これが火砕流である。こうして、一回の噴火で出た噴煙が、一部は遠方に降り積もり、一部は火山周辺に流れて堆積するのである[1]（図9-2）。

このATの莫大な量の噴出にともなって大陥没が起きた。これが始良カルデラで、鹿児島湾の北端部、桜島より北の部分がこれに当たる。陥没のあとカルデラの南縁にできた火山が桜島で

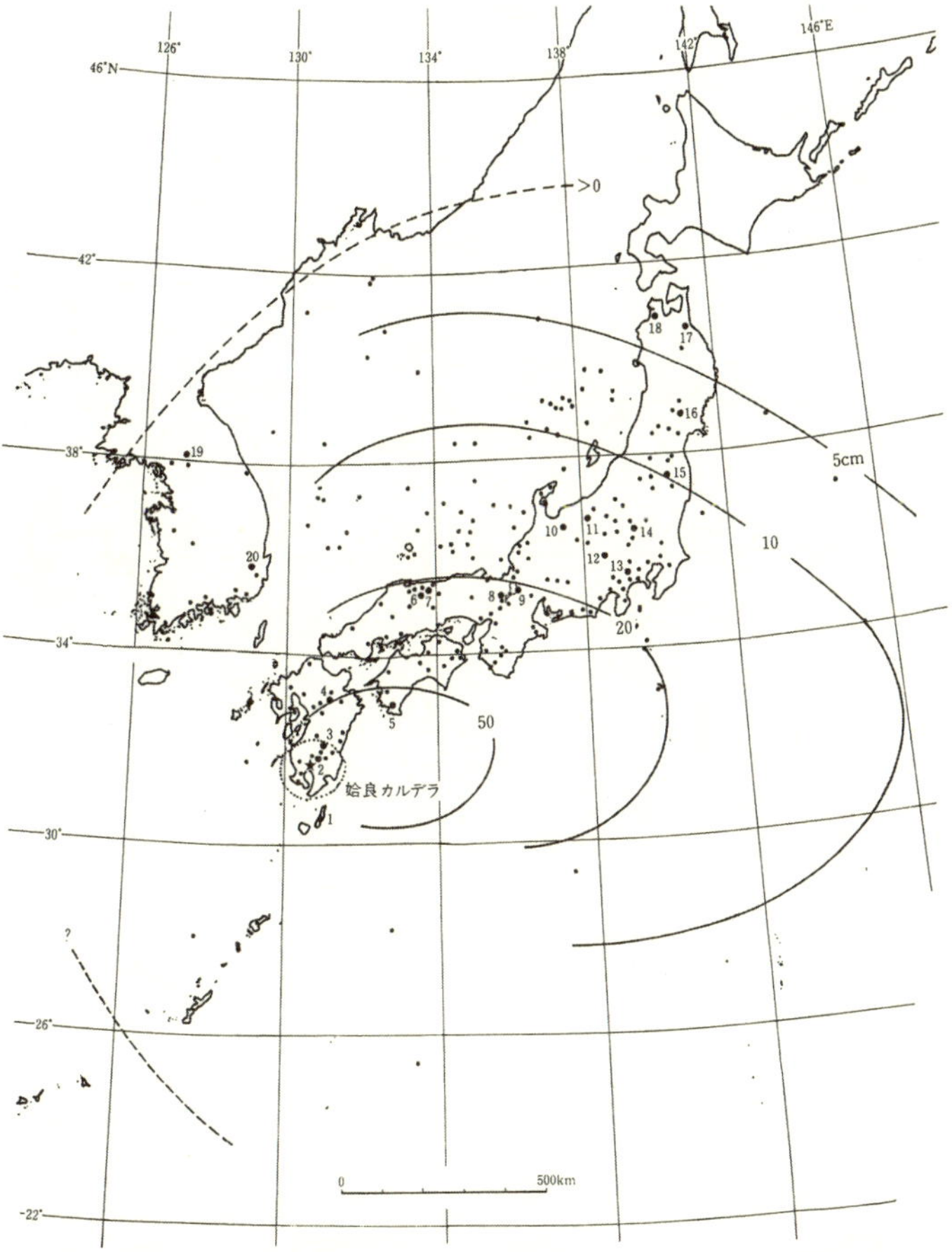

図9－1　姶良カルデラから出た火山灰は偏西風に乗って日本中に広がった。曲線は火山灰層の等層厚線(1)。

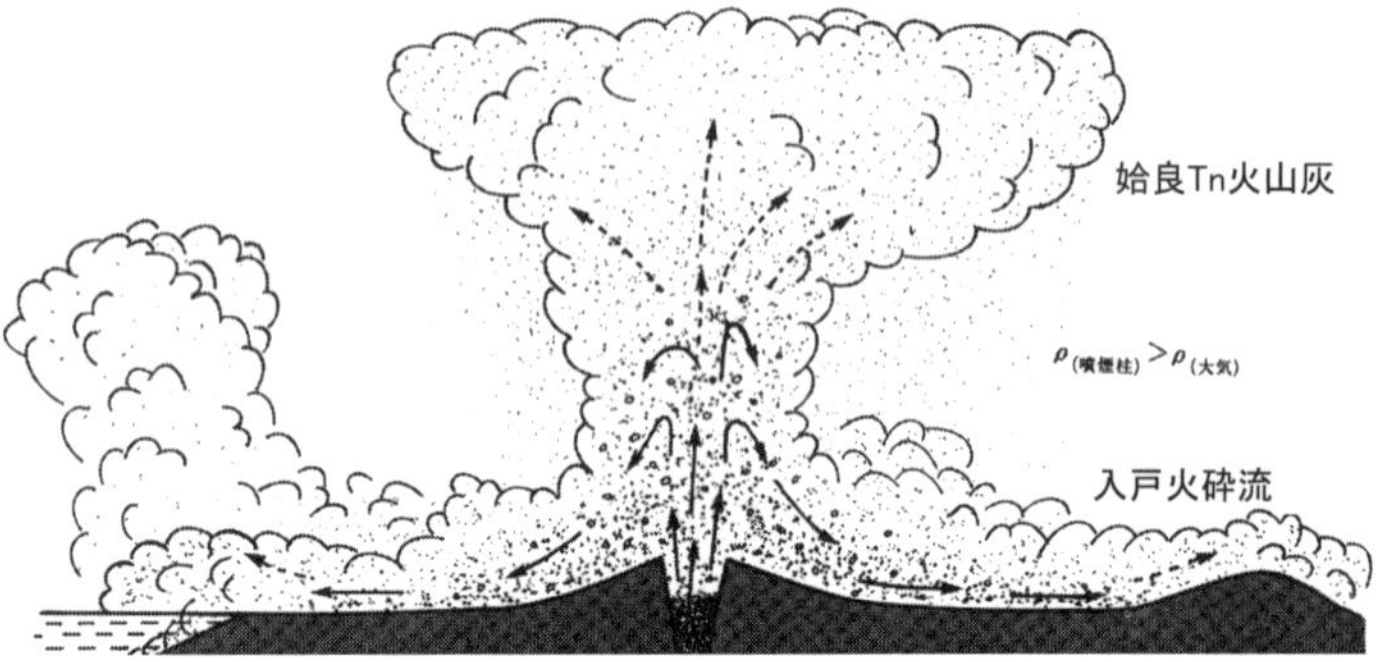

図９－２　姶良Ｔｎ火山灰と入戸火砕流が同時に発生したことを示す模式図(1)。

ある。

　姶良Ｔｎの「Ｔｎ」は富士山の東にある丹沢山地の頭文字である。ここでは黒い富士テフラの間に、白い丹沢パミスＴｎ《ティーエヌ》Ｐ《ピー》と呼ばれるテフラが挟まっている。これは関東をはじめ広く地層の対比に便利に使われていたが、噴出源は不明だった。その後の研究で、これが入戸火砕流と同じものであることがわかった、という経緯がある。そのため、姶良Ｔｎという名が付いている。

　ＡＴテフラの噴火は二万六〇〇〇年前ころに起きた。旧石器時代に当たる。そのため、地層の間にＡＴが挟まっていれば、これより下の層は二万六〇〇〇年よりも古いということがわかる。

　もちろん、この上の層はこれよりも新しい。だからＡＴの下の層から人間が使ったり作ったりしたものが出てくれば、旧石器時代の遺跡発見！　ということになる。

　ＡＴの直上の層は、テフラとの時間差がないことが確認できれば、やはり旧石器時代であることがわかる。

ATは広域テフラの代表的存在であり、その噴出量は世界的に第一級の規模である。そのため、時代決定に、まさに広域的に役立っている。同時に、大規模であるがゆえに、当時南九州に住んでいた旧石器時代人はほとんどが死亡したのであろう。

鬼界アカホヤテフラ

日本は火山国であるため、広域テフラが何回も降っている。そして広域テフラは地層の時代を決めるための鍵の層である鍵層《かぎそう》の役割を果たすことが多い。ATテフラと同じように有名な広域テフラに鬼界《きかい》テフラがあり、本州のほぼ全域に分布している。これは鹿児島湾の南の海域から噴出したテフラである。

ATと同じようにテフラの大量噴出に伴って大陥没が起き、鬼界カルデラができた。そのためテフラの名に「鬼界」が付いている。アカホヤの名は、宮崎県の農民が、地表下数一〇センチメートルにあるテフラが赤いことから付けた名である。(2)

鬼界カルデラは大部分が海中に隠れており、薩摩《さつま》硫黄《いおう》島や竹《たけ》島はこのカルデラの北縁にあたる。(3) 噴火の時代は七三〇〇年前なので縄文時代早期末に相当する。(4) この大噴火で、西日本、特に九州南部に住んでいた縄文人は、大量に降る火山灰のために重大な災害に見舞われたはずである。これもAT同様に、地層の時代を決めるのに便利に使われており、この鬼界アカホヤテフラを見つければ、その地層が縄文時代のどの時期なのかがわかる。このように、火山学者が行ったテフラの地質学的研究は考古学の研究にも貢献している。

広域テフラは偏西風に乗って、西～南西の風に運ばれることが多く、この方向は日本列島の伸びの方向とほぼ一致している。そのため、九州から噴出したテフラは日本列島に分布しやすく、広い範囲で時代の決定に利用されている。風上側にはまったく飛ばないというわけではないのだが、どうしても量が少ないために確認が難しく、利用しにくい。

沖縄にも火山があって大量のテフラを飛ばしていれば、沖縄はもとより奄美諸島もカバーできて好都合なのだが、ないので使いようがない。逆に北海道の火山では、テフラが南の方向にはあまり飛ばないので、国内では使える地域に限りがある。

軽石による時代推定

広域テフラを使うと地層の年代推定ができる。同じように、砂丘中の軽石を使って遺跡の年代を推定することはできないだろうか、と考えた。つまり、この砂丘層にあの軽石が含まれているから、その層から出た遺物はある年代よりも新しい、という風にいかないかという夢である。そのためには軽石がいつごろの火山噴火でできたのか、ということを知る必要がある。

放射年代

岩石がいつできたかという年代を測定する方法に、放射性同位元素の壊変《かいへん》を利用する方法がある。この方法で求めた年代を放射年代という。一つの元素では、原子核中の陽子の数は一定だが、中性子の数は陽子の数と同じだったり、多かったりする。これを同位体という。

同位体同士は、たとえば、錆《さび》びやすく酸に入れると水素ガスを出して溶ける、というような化学的性質は変わらない。ところが安定なものと不安定なものがある。不安定な同位体は何もしないのにどんどん壊れて別の元素に変わっていく。これを壊変という。壊変の速度はそれぞれの同位体で決まっており、半分に減るまでの時間を半減期という。

年代を決めるとき、どの元素の壊変を利用するかは二つの条件がそろう必要がある。一つは半減期が短すぎず長すぎないことである。半減期には一秒未満などという短期のものから、数一〇〇億年などという、地球の年齢四六億年の一〇倍もある気長なものまである。目的の岩石の年代がおおよそどのくらいと見積もれるかによって、測定技術とも相談しながら適当な半減期の同位体を選ぶ。短すぎると量が極端に減ってしまい、測定できなくなる。逆に長すぎると、ほとんど減ってないので減った量も、壊変で生じた元素の量も、少なすぎて測定できない。

もう一つの条件は、その元素が岩石中にある程度の量以上含まれていることである。含有量が分析できないほど少ないときは、半減期が理想的でも利用できない。

カリウム・アルゴン法

軽石の年代を決めるときに使えるかもしれない方法がカリウム・アルゴン法である。この方法はカリウム40がアルゴン40に壊変することを利用するものである。この「40」とは陽子と中性子の数の合計である。表5―2（九〇ページ）に示したように、カリウムは軽石中に必ず含まれている。問題はカリウム40の半減期で、約一三億年である。この半減期だと恐竜が絶滅した六六〇〇万年前の岩石の年代などは無理なく測定できる。ところが、一〇万年よりも新しくなってくると壊変で生じたアルゴンの量が少なく、測定が次第に困難になる。

それでも技術的な進歩のおかげで、最近は数一〇〇〇年前という年代でも測定できるようになってきた。でもこれは緻密な溶岩についてであり、軽石のようなガラスについては、大気中のアルゴンが妨害して誤差が一万年を超えてしまう。そのために、この方法は今回の砂丘中の軽石については使えない。

炭素14法

炭素を含んでいる物質について年代測定に使えるのが炭素14法である。軽石そのものには炭素が含まれていないので、残念ながらこの方法は使えない。しかし、サンゴや貝の骨格を作っている炭酸カルシウムには炭素が十分にある。だから軽石に付着している生物遺骸の年代測定は可能である。

炭素14の半減期は五七三〇年なので、数万年より若い試料の年代決定に適している。したがって、遺跡の年代測定には最適である。

炭素14は不安定なので窒素14（ふつうの窒素）に壊変するが、窒素は宇宙線によって炭素14に変わる。この炭素14の壊変と生成がおおよそ釣り合っており、大気中で不安定な炭素14と安定な炭素12の比はほぼ一定になっている。

動物が生きているうちは食物を摂り排泄するので、体を作っている炭素比は大気中の炭素比と同じになっている。ところが死ぬと外界との炭素の交換が止まるので、不安定な炭素14だけが減っていく。そこで残った炭素14と安定な炭素12との割合を測定すれば、死後何年経ったかがわかる。

ただし、過去宇宙線の量が変動しているので、壊変と生成のバランスが時代によって少し崩れている。そのため、測定結果を補正する必要がある。この補正を較正《こうせい》といい、西暦または紀元前に暦年較正した年代を較正年代という。

こうした自然現象とは別に、核爆発によって炭素14ができる。そのため、核爆発を起こすと人工的にこのバランスを崩してしまうことになる。一九四〇年代後半から一九五〇年代にかけて、広島・長崎での投下を含め、いくつかの国が盛んに核実験を行った。

特にアメリカはビキニ環礁やエニウェトク環礁などで繰り返し核実験を行った。そのため、一九五〇年以後の試料については炭素14が多くなっているので、年代測定ができなくなってしまった。とんだトバッチリを受けたものである。核爆弾は人類に不幸をもたらしただけではなく、科学研究の妨害もしている。

軽石と遺跡の年代

軽石にいつ生物が付着したか

遺跡から出てくる軽石には、貝などの生物遺骸が付着している場合が少なくない。こうした生物は軽石が漂流中に付着して成長したものである。一九八六年一月に福徳岡ノ場から噴出した灰色軽石には、琉球列島に漂着するまでのわずかな時間にサンゴや貝が付着した（一四六ページ・写真7－16）。だから、この生物遺骸は軽石と同年代であり、生物遺骸の年代測定をすれば、軽石が何年前に噴出したかがわかる。ただし、福徳岡ノ場軽石については噴出が一九五〇年以後の一九八六年なので、炭素14法は使えない。

同じように、遺跡中の軽石に付着している生物遺骸の年代を測定すれば、その砂丘堆積物の年代、つまり遺跡の年代が判明する。これで一件落着。メデタシめでたし。ということになるかというと、話はそう単純ではない。

軽石は海岸にいったん漂着したあと、高潮に遭うと再度漂流し始める。また、台風などの強い波で砂丘層そのものが破壊・侵蝕され、含まれていた軽石が再度漂流することもある。こうした

写真９－６　浦底遺跡のBLスコリア。古いので表面が茶色に風化している。

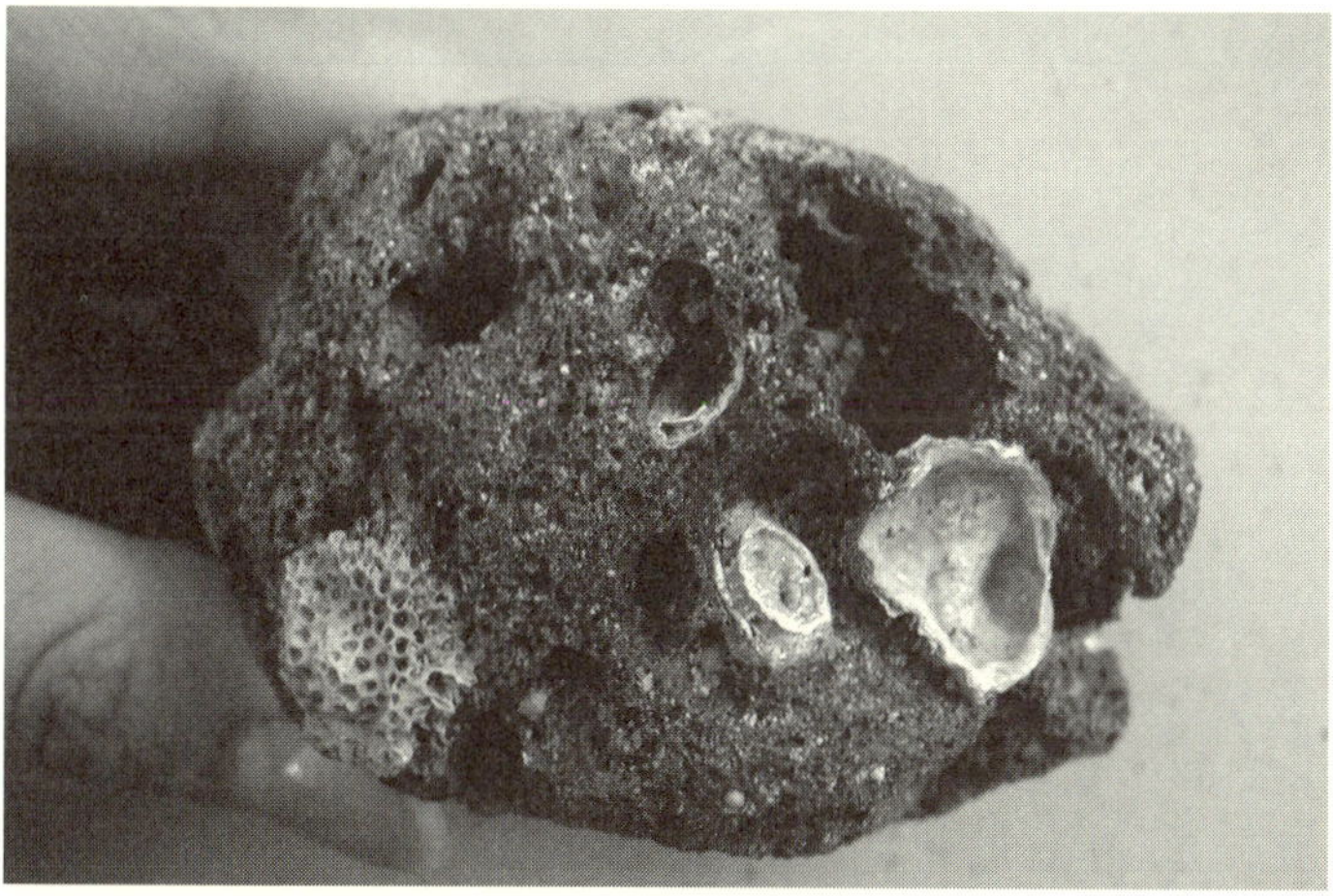

写真９－７　浦底遺跡から出たBLスコリア。年代測定したハナヤサイサンゴ(表９－１・④)とキクザルガイ(表９－１・⑤)が付着している。

再漂流のときに、新たに生物が付着することがある。だから、軽石の生物遺骸は、噴火直後に付いたかもしれないが、ずっと後の再漂流中に付着したのかもしれない。したがって、軽石に付いた生物遺骸の炭素14年代は単純に軽石の噴出年代を示している、と考えることはできない。

実験用試料の作成

年代測定用試料と軽石の化学分析をするための試料作成作業を考えると、ある程度の大きさが必要である。だから、あまり小さな軽石は役に立たない。そのため、まずこぶし大以上の軽石を選び出す。その中に生物遺骸が付着しているものを選び出す。次に水洗いをする。

軽石は砂丘層に埋まっていたために白い砂だらけで、砂の間から軽石が見える。さしずめ、きな粉餅といったところである。水を流しながらブラシで洗うときれいに落ちて、付着した生物遺骸の様子がわかる。これならと選び出した軽石を大学の実験室に持ち帰る。

実験室では、ダイヤモンドカッターを使って軽石を切断しながら、注意深く生物遺骸を分離する。軽石を切断すると、こんな中にまでと思うほど、あちこちの空隙に白い砂が詰まっている。生物については、ある程度大きくて新鮮なものを取り出す。これを当時琉球大学理学部の山口正士さん（海洋生物学者）に鑑定を依頼して名前を決めてもらった。その後で炭素14年代の測定試料とする。

軽石については外側の風化したところを除外し、中心部分の新鮮なところを取り出す。これについては塩分の洗浄や、小さな穴にまで入り込んでいる砂などの汚れの除去を行う。その後で化学分析用の試料とする。

軽石のタイプ

付着生物の年代測定に使った軽石は、一つだけは淡黄色の軽石である。残りは全て表面部分が黒褐色であるが、内部は新鮮で黒色である。黒いので軽石ではなくてスコリアである。

これらの軽石・スコリアについて、どのタイプのものかを決めるために化学分析を行った。結果は、淡黄色の軽石は表5－1・5－2（九〇ページ）のY型、残りのスコリアは全てBL型だった。

実は、この黒くて大きな穴が目立つBLスコリアはなじみのものだった。琉球列島の八重山諸島から沖縄本島に至るまでの広い範囲でよく見つかるので、何度も見ている。西表島群発地震で西表島に打ち上げられた軽石にもこれが多かった。

化学分析結果を見て、やはりオヌシであったか、と肉眼鑑定通りであったことにニヤリとしたのである。

年代測定結果の解釈

年代測定用にキクザルガイ五個、ハナヤサイサンゴ、ゴカイ各一個、計七個を分離した。これを、土肥さんの研究グループの一人で、年代測定学専門家で東京大学の米田穣さんに測定してもらった。その結果が表9－1であり、これを図9－3に図示した。

このうち、Y型は②で、残りはBL型である。④のサンゴと⑤の貝は同一スコリアに付着していたものである（写真9－7）。層準は数字が小さいほうが上位である。

掘り出した場所は、①、②はテストピット9、③〜⑦はテストピット8で、両者はほぼ一〇〇メートル離れている。

BLスコリアが出れば西暦六七〇年以後

まず、同じスコリアに付着していた④のサンゴと⑤の貝に注目する。サンゴが死んだのは西暦六七〇年で貝の九八五年よりも三〇〇年ほど古く、さらにBLスコリアの六個の年代の中で最も古い。このことからBLスコリアは西暦六七〇年またはそれよ

表9－1　軽石付着生物の炭素14年代

	付着生物	較正年代（西暦）	同左中央年代	軽石タイプ	層準	TP
①	ゴカイ	1070〜1180	1125	BL	Ⅱ	9
②	キクザルガイ	0〜130	65	Y		
③	キクザルガイ	930〜1040	985	BL	Ⅲa	8
④	ハナヤサイサンゴ	600〜740	670	BL		
⑤	キクザルガイ	935〜1030	985	BL		
⑥	キクザルガイ	690〜810	750	BL	Ⅲb	
⑦	キクザルガイ	890〜1000	950	BL		

注：④⑤は同一スコリアに付着。TPはテストピット。

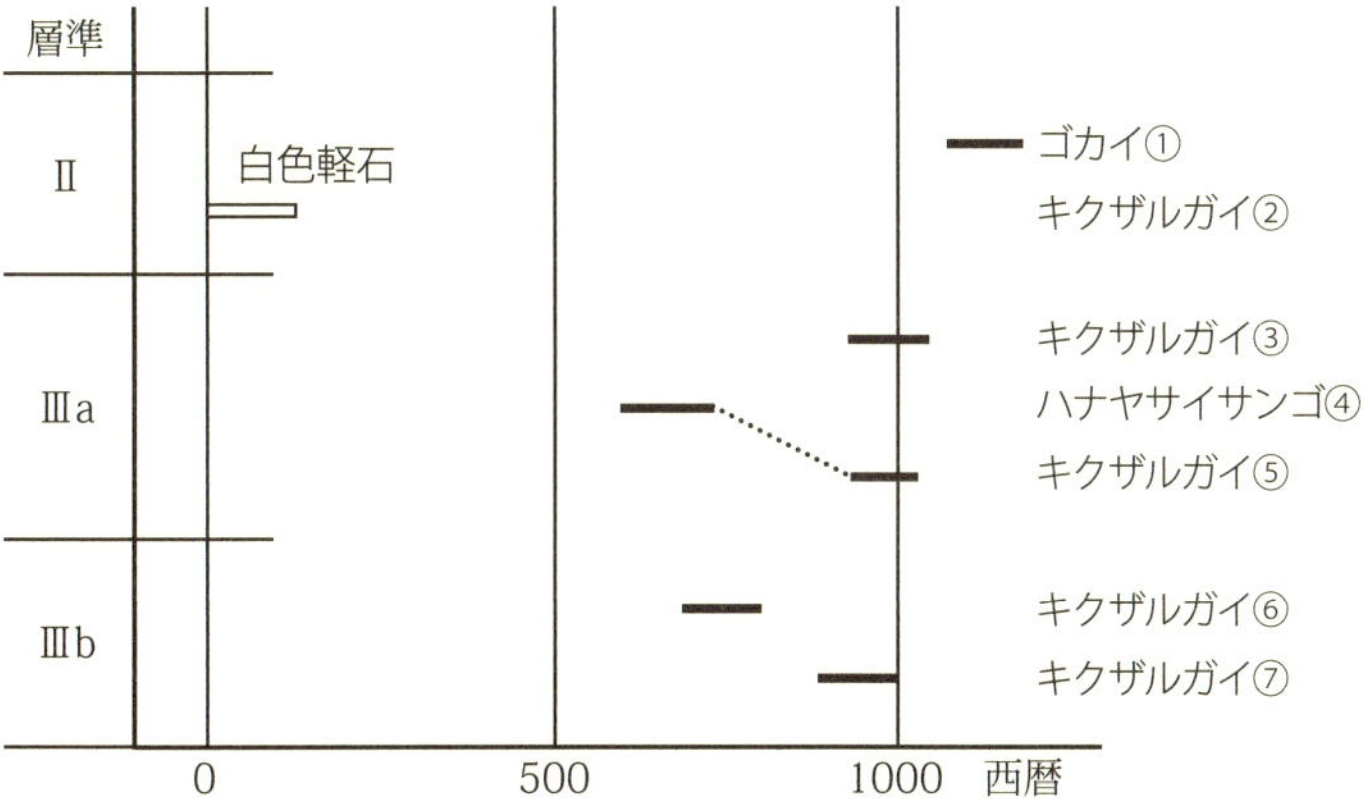

図9－3　表9－1の年代を示した図。

り前に噴火したことがわかる。

一方、琉球列島に噴火後間もなく漂着した福徳岡ノ場軽石にも、これと同じハナヤサイサンゴが付着していた（一四六ページ・写真7－16）。このことからこのサンゴは噴火後余り時間をおかずに付いた可能性が考えられ、ＢＬスコリアの噴火は西暦六七〇年か、それより少し前と思われる。このことから、遺跡からこの特徴あるＢＬスコリアが出土したら、その層準は六七〇年以後と考えてよかろう。

すでに述べた通り、このスコリアは八重山諸島から沖縄本島までの広い範囲に大量に分布している。そのため、広域テフラで年代を推定するような切れ味はないのであるが、このＢＬスコリアが出土すれば、その砂丘層の年代は西暦六七〇年以降という推定ができる。日本史の中で、西暦六七〇年は大化の改新の後、律令国家形成のころである。

一方、このスコリアに付着していた貝⑤はサンゴ④

と三〇〇年の時間差があるので、貝はスコリアが二次漂流している間に付いたものだということになる。つまり、軽石やスコリアが再漂流するものであることをこの試料は示している。

Y型軽石噴火は弥生時代

次に、②のY型軽石は今回の測定値の中で最も古い西暦六五年という年代が出ている。したがって、Y型軽石の噴出は西暦六五年またはそれより古いことがわかる。この軽石はBLスコリアほど量は多くないが、やはり分布範囲は非常に広く、琉球列島全域で確認できる。現時点ではデータが一個だけなので今後測定値が増えるともっと古い年代が得られる可能性が十分にある。いずれにせよ、噴火は弥生時代中～後期であろう。つまり、これより古い、たとえば縄文遺跡などからはY型軽石は出てこないはずである。

人骨は西暦一一二五年より新しい

次に、同じ層準から複数の年代が出たものを見てみよう。このうちBLスコリアに付いたキクザルガイの年代に注目すると、Ⅲa層とⅢb層で二個ずつ年代が出ている。

一般に、再漂流中にも生物が付着することを考えれば、その層準の時代は、出た年代のうち最も新しい年代よりも新しい。だから、Ⅲb層は西暦九五〇年以後、Ⅲa層は③⑤の九八五年以後となり、両者は誤差の範囲で一致する。したがってテストピット8のⅢ層は九八五年より新しいということになる。

一方、Ⅱ層のゴカイ①は一一二五年と出ている。人骨が出たのはこれと同じテストピット9のⅡ層なので、人骨は西暦一一二五年またはそれより新しい、ということになる（図9－4）。

BLスコリアはどこから

ところで、BLスコリアはどこから来たのだろうか。これを考えるためのヒントは二つある。

一つはスコリアの分布である。

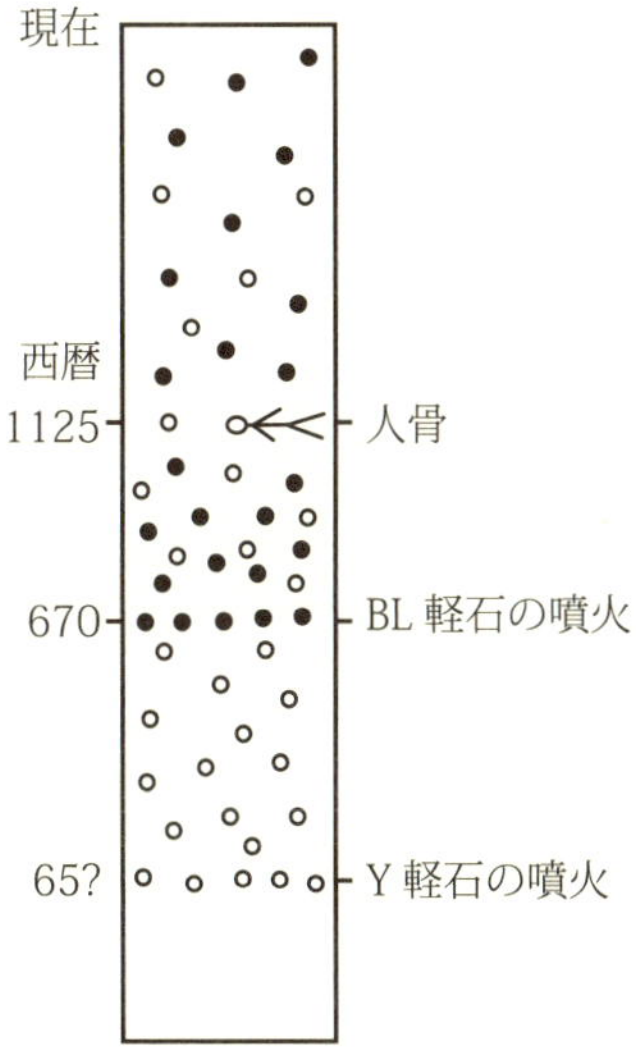

図9－4　浦底遺跡の軽石と人骨の出土概念図。

琉球列島を見渡すと、このスコリアは八重山諸島から沖縄本島を経て奄美まで分布している。そして、はっきり計測をしたわけではないのだが、大きさは八重山諸島や沖縄本島付近では大きいが、奄美では小さくなる傾向がある。こうした傾向は福徳岡ノ場軽石と似ている。

もう一つのヒントは岩石学的性質である。火山岩の系列はアルカリ岩と非アル

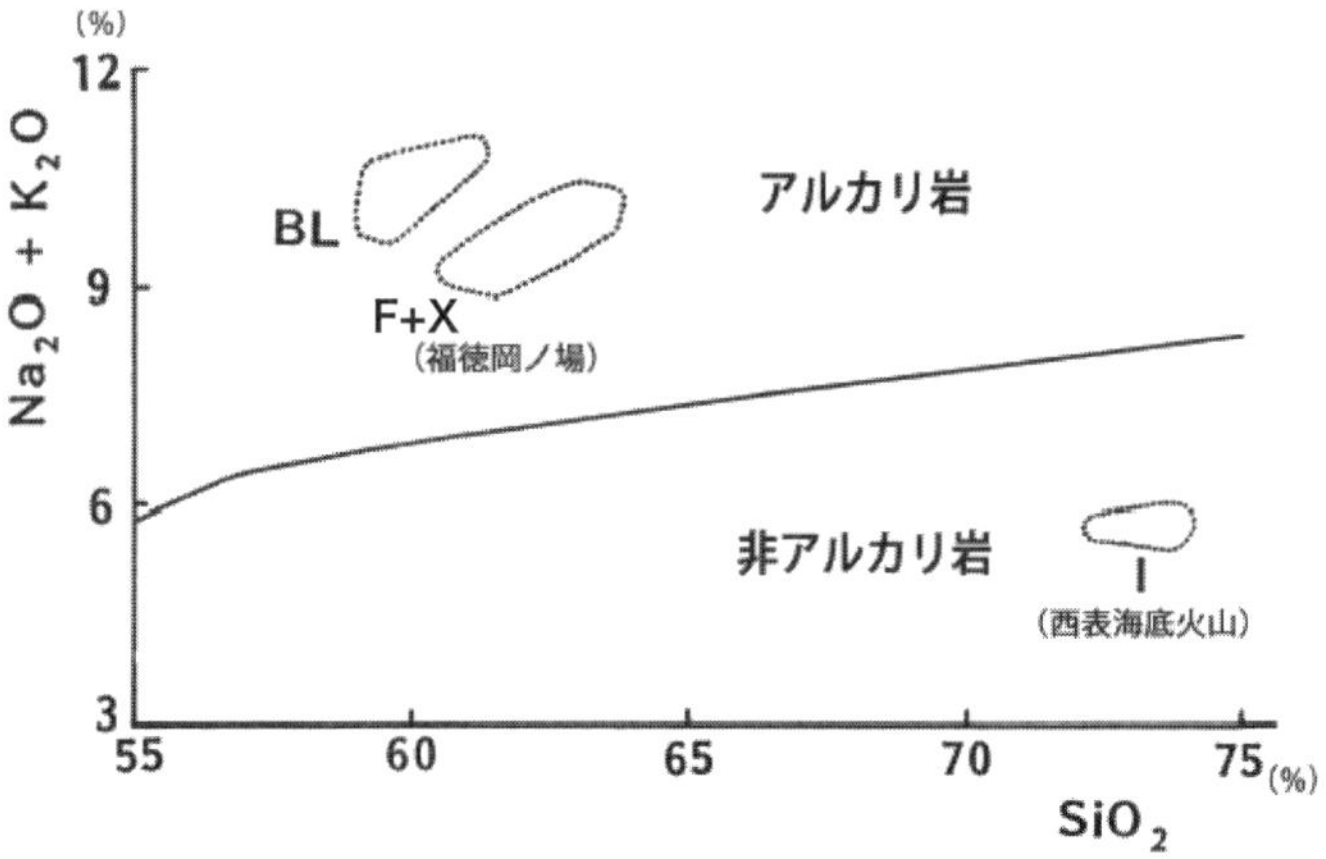

図９－５　SiO_2 -（Na_2O+K_2O）図。BL と F+X（福徳岡ノ場）は同じアルカリ岩であり、噴出位置が近い可能性がある。

カリ岩の二つに分けることができる（図９－５）。ここでいうアルカリとはナトリウムとカリウムのことである。

この二成分の和は岩石中の二酸化珪素SiO_2が増えると、一緒に増加していく。このときアルカリが一貫して多いのがアルカリ岩であり、少ないのが非アルカリ岩である。

日本全体を見渡すとアルカリ岩は少なく、火山岩の大部分は非アルカリ岩である。日本でアルカリ岩が出るのは日本海沿岸の小範囲と静岡付近の一部であり、あとは小笠原諸島の南部である。

ＢＬスコリアの化学成分（九〇ページ・表５－２）を横軸にSiO_2、縦軸にアルカリ（Na_2O ＋ K_2O）を取った図９－５に落とすと、アルカリ岩の中に入る。このことでＢＬがアルカリ岩であることがわかる。

同時に、福徳岡ノ場軽石も、やはりアルカリ岩であることがわかる。そのためＢＬと福徳岡ノ場の岩石名には頭に「粗面《そめん》」がついている。粗面が岩石名の頭に付くのはアルカリ岩である。海流から考えて琉球列島に漂着可能なアルカリ岩産出地は、日本では福徳岡ノ場を含めた小笠原南部の硫黄列島のみである。軽石が日本海沿岸や静岡から琉球列島に漂流することは考えられない。国外を見ても黒潮反流の上流域にアルカリ岩の火山は知られていない。

また、琉球列島ではＢＬスコリアの産出量が非常に多く、大きさが八重山諸島や沖縄本島付近では大きいが、奄美では小さくなる。このような傾向があることは噴出場所がさほど遠くないことを示している。

一方、ＢＬスコリアの化学成分は硫黄島火山の岩石(5)とよく類似している。福徳岡ノ場は有史時代に噴火を繰り返しており、一九八六年の噴火はその一つに過ぎない。以上のことから、ＢＬスコリアの噴出位置として最も有力なのは福徳岡ノ場であると考えられる。もし福徳岡ノ場でなければ、同じ硫黄列島の硫黄島・南硫黄島またはその近海の海底火山が考えられる。

福徳岡ノ場一九八六年噴火の軽石は、わずか二〇年余りしか経っていないのに、もう海岸で大きなものは見当たらない。それに対して、ＢＬスコリアは一三〇〇年以上経った現在でもゴルフボールサイズのものが海岸で見つかる。このことはＢＬスコリアの量がいかに莫大であったかを示している。

大化の改新が終わり律令国家形成のころ、福徳岡ノ場付近から噴出した膨大な量のスコリアはその四か月後あたりから次つぎと琉球列島に漂着し始め、島の海岸は真っ黒になり、その後数年間は黒いスコリアだらけだったに違いない。

10章　漂流できなかった変わり種　材木状軽石

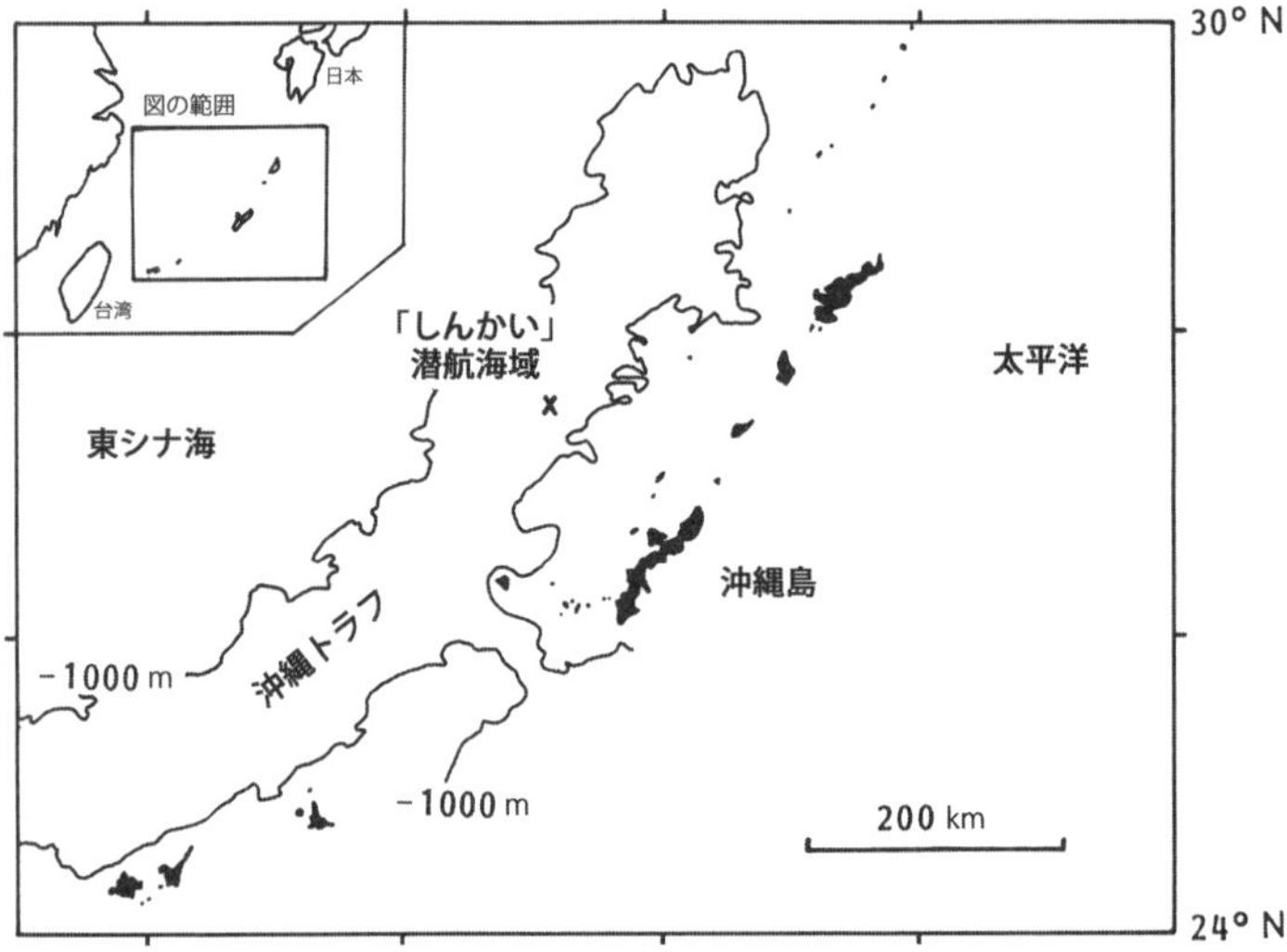

図 10－1　沖縄トラフの位置。この中の凹地である伊平屋海凹で材木状軽石が発見された。

材木状軽石の発見

「なんだ、あれは。まるで材木じゃないか。しかも、もの凄い量だな」（写真10－1・10－2）。これは一九八四年九月、海洋科学技術センターの潜水調査船「しんかい2000」が、たった今潜航して海底で撮ってきたビデオを、採ってきたサンプルと見比べながらの研究者同士の会話である。場所は沖縄トラフの中の深みの一つ、伊平屋海凹《いへやかいおう》にある海丘《かいきゅう》である。

沖縄トラフとは、弓なりの琉球列島の内側、つまり大陸側に、列島と平行に伸びる長大な溝で、沖縄舟状海盆《おきなわしゅうじょうかいぼん》ともいう。台湾東方から九州西方まで延び、幅二〇〇キロメートル、長さ一二〇〇キロメートルほどある（図10－1）。

この中軸部では火山活動が行われており、水中でないとできない枕状溶岩の存在がすでに確認されていた。伊平屋海凹は沖縄県最北の有人島、伊平屋島から北西一〇〇キロメートルほどにある水深最大一八〇〇メートルほどの凹地《おうち》である。なお、海洋科学技術センターは当時の名称で、現在は、独立行政法人海洋研究開発機構となっている。

材木状の軽石を初めて見たとき、変わった軽石があるものだと思った。その後、採集した軽石を実験室で調べてみると重要な意味のあることがわかった。そこで、私はこれに材木状軽石と命名した(1)。

材木状軽石は浮かなかった

一九八四年九月、しんかい２０００は伊平屋海凹内の、溶岩でできた海丘の潜航調査を行い、三回の潜航で材木状軽石を観察している。後の研究で海丘をつくっている溶岩は二二万年前の、比較的新しいものであることがわかった(2)。

暗い海底での観察はライトで照らした範囲内に限られ、潜航できる研究者は毎回一名のみである。残りの研究者は船上に持ち帰ったビデオを見ての間接観察になる。だから地表調査のようには観察できないのだが、それでも次のような驚くべきことが明らかになった。

材木状軽石は海底の山の低い所にはなく、山頂部分に集中的に、しかも大量に転がっている。

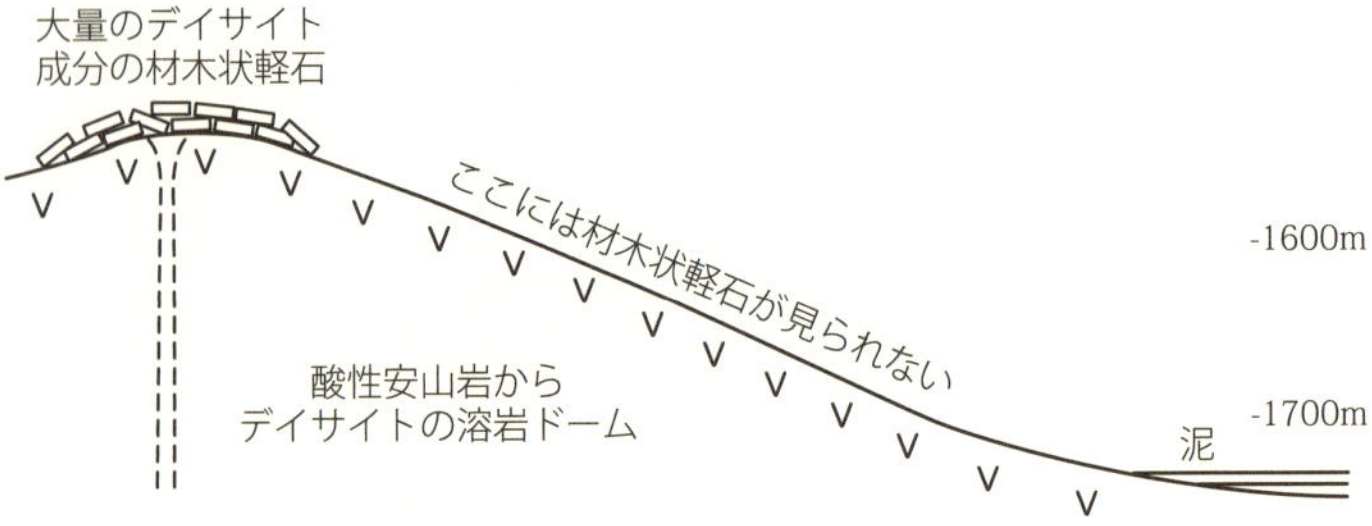

図 10－2　材木状軽石の産出状況を示すイメージ図。材木状軽石は山頂部に限って分布している(3) (4)。

もし、材木状軽石がいったん海面に浮かんだ後で沈んだのならこのような分布はありえない。山頂にも谷にも広く転がっているはずである。このような分布をする材木状軽石は、噴出すると間もなくその場に堆積したとしか思えない（図10－2）。

つまりこの軽石は浮かなかったのである。こういうことは通常の軽石では考えられない。浮くはずの軽石が浮かない理由は、軽石自身に秘密が隠されているに違いない。そこでこの軽石について詳しく調べてみることにした。

材木状軽石の性質

見かけが材木そっくり

しんかい２０００が海底から採集した材木状軽石には二種類あった。一つは平行な筋の入った、太さ一メートル、長さ一～三メートルほどの軽石である（写真10－1・10－2）。これが海底に累るいと転がっている。まるで切断した大木の幹の

写真 10 − 1 (上)・10 − 2 (下)　伊平屋海凹で観察された材木状軽石。長さ約 2m。提供：独立行政法人海洋研究開発機構。

ような感じである。

しんかい２０００はこの一部を割って採集した。これは船上で観察すると白色である。もう一つは小さめの欠片で、平行な筋があることは同じであるが、色は黄褐色、部分的に茶褐色になっており、腐った木片にそっくりだった（写真10－3）。

後に研究室でこれを見た学生が、ホントに材木じゃないんですか、と聞くほどよく似ていた。でも持てば木より重いので、みな納得する。この色は、はじめ白色だった軽石が海底の熱水で変質して付いた色だと思われる。変質のため気孔が詰まり重くなっている。

写真10－3　海底の熱水で変質して材木そっくりになった軽石。変質のため気孔が詰まり重くなっている。長さ10cm。

気孔はパイプ状

新鮮な白色の軽石を見ると、ほぼ平行なパイプ状の気孔が多数見える（二三三ページ・写真10－11、二三五ページ・10－12）。材木状軽石の気孔の直径は最大四ミリメートルである。パイプ方向に長さ数センチメートルある試料の一方から光りを当てると反対側で光が確認できる。

また、同じくパイプ方向に長さ一〇センチメートルほどの試料の一方から息を吹き込むと、反対側に暖かい空気が抜けるのがわかる。このことからこの気孔は少なくとも一〇センチメートルは連続していることがわかる。つまりこの軽石はストローを束ねたような構造なのである。こうした構造を線構造という。

パイプに平行と直角の二方向のプレパラートを作って顕微鏡で観察してみると、気孔には太くて長いものと、細くて短いものがあることがわかる（写真10－4・10－5）。

つまり、パイプに直角な断面では、直径〇・三～二ミリメートルの穴の周りを、これよりもずっと小さい〇・〇三～〇・〇五ミリメートルの穴が埋めている。パイプに平行な断面では、幅が広くて延長のよいパイプの間に、これよりずっと細くて短い穴が分布している。

穴の縦横比をみると、太いパイプは二〇前後、細いパイプは五～七である。したがって、この細いパイプの占める体積の総量は、太いパイプに比べてはるかに少ない。さらに、〇・〇一ミリメートル以下の気孔はほぼ円形に近い。

パイプに平行な面で円形に見えるということは、この穴は伸びておらず、球形なのである。この気孔の占める体積はほかの気孔に比べて、無視しうるほどわずかな量である。結局、太くて長いパイプの間に細くて短いパイプがあり、それらの隙間に極少量、球状の小さな穴がある、という構造なのである。

一方、軽石にはパイプに平行と直角な二方向の亀裂が入っている。直角な亀裂の間隔は一～二

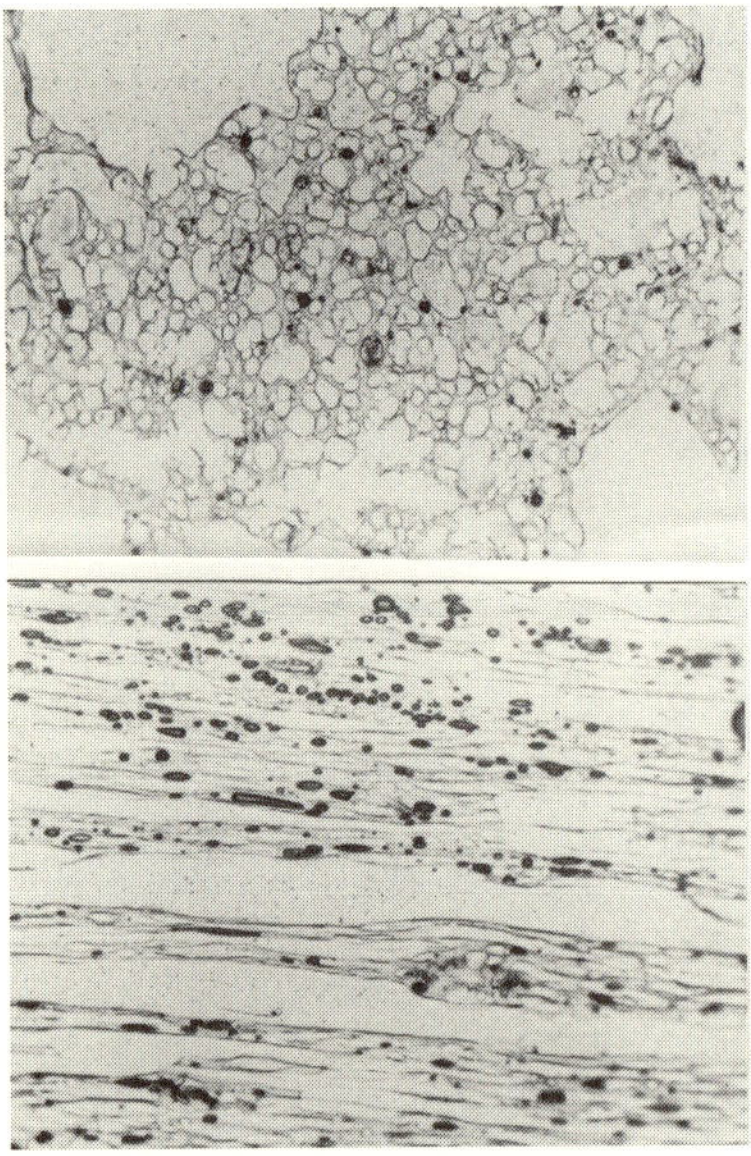

写真 10－4（上） パイプ状気孔に直角に切った材木状軽石の顕微鏡写真。写真 10－5（下） 同気孔に平行に切った顕微鏡写真(1)。いずれも横幅 1mm。

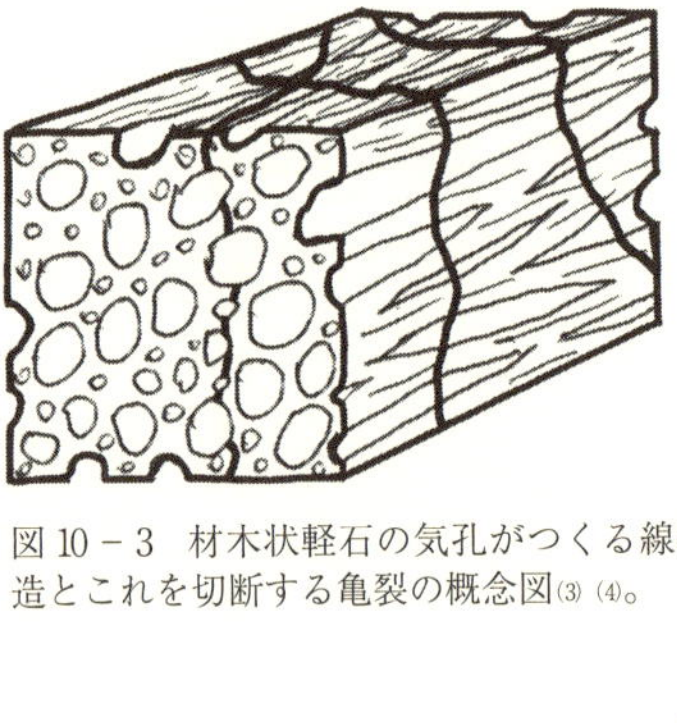

図 10－3 材木状軽石の気孔がつくる線構造とこれを切断する亀裂の概念図(3) (4)。

センチメートルである。そのため、材木状軽石のパイプ状気孔を折るように力を加えると、ゆるく波打った平らな面にそって簡単に割れる。この亀裂は噴出直後、高温の軽石が海水に触れてできたヒビ割れで、一種の急冷構造である（図10－3）。

写真10－6「しんかい2000」。これから潜航を開始する。

しんかい２０００

丸い船室

ところで、しんかい２０００（写真10－6）とはどのような調査船なのだろうか。

まず「２０００」とは水深二〇〇〇メートルまで潜れるということである。一九八一年竣工、全長九・三メートル幅三メートル重量二三トンで、直径二・二メートルの高圧に耐える球の中に操縦者二人、観察者一人が乗る。球形なのは、同じ材料で作ったとき、高圧下でこれが一番丈夫だからである。

たとえばサイコロの形で高圧を受けると平らな面が弱く、これが真っ先に凹《へこ》む。球形ならどこも凹まず、全体が縮む形で高圧に耐えることができる。潜ると水深一〇メートルについて水圧が一気圧ずつ増すから、二〇〇〇メートルの海底では二〇〇気圧の圧力を受けることになる。

船室の下は平らな床になっているので、寝そべったりあぐらをかいたりできる。前方に窓が一人一つ分、計三つあり、外を観察できる。球内では空気が循環していて、ボンベから酸素が補給され、炭酸ガスはアルカリの吸収剤で取り除かれている。気圧は一気圧に保たれているので潜水病とは無縁である。また、飛行機のように室内が減圧しないのでずっと快適である。

潜航の仕掛け

しんかいには浮力材が取り付けてあり、浮くようにできている。潜水するときは小豆粒ほどの鉄の玉を船底部分にバラストとして入れる。何百キログラム入れるかは、その日搭乗する三人の合計体重によって調整する。鉄の玉を入れたままだと水に入ったとたんに沈み始めるので、はじめは上部のタンクに空気を入れておく。

海面に着いた後この空気を抜くとタンクに水が入り自然に沈み始める。海底に着いたら鉄の玉を一部捨てる。これでしんかい全体を水と同じ比重にする。浮上するときは鉄の玉を全部海底に捨てる。海底での移動や照明・通信などに必要な電源は電池でまかなっているが、このような仕掛けになっているので、下降・浮上には電力を要しない。

別の言い方をすれば、万一事故で電池がダメになったとしても、深海から浮上できる。

母船「なつしま」

しんかい２０００の潜航を全面的にサポートするのが、洋上の母船「なつしま」である。一五〇〇トン余りあり、潜航海域までしんかいを積んで移動する。しんかいの電池の充電、ボンベの酸素の補給、潜航目的に合わせた器具の取り付けなどのあらゆる整備・点検はなつしまで行う。

しんかいを二本の、足の太さほどのナイロンロープで吊り上げて洋上に降ろした後は、ボートに乗ったダイバーがロープを母船と切り離す。この後しんかいは単独で潜航を開始する。潜航が始まるとなつしまは総合指令室の管制装置でしんかいを常時追跡し、必要な情報を音声で交信する。交信は音波を使う。音速は空中では秒速三四〇メートルほどであるが、水中では一・五キロメートルと、四・五倍ほど速い。つまり、水深一五〇〇メートルにしんかいがいるとき、音声はわずか一秒で相手に届くから都合がいい。

なつしまはしんかいの位置を常時監視しているので、しんかいに海底地形図上のどこにいるのかを教えることができる。潜航しているほうも同じ地図を持っているので、現在位置がわかり、作業に役立つ。

海底は暗黒の世界で、ライトが照らした範囲の近くのものしか見えない。だから地上のように周囲の地形を見まわして自分の位置を確認することができないのである。ライトの光は少し遠くなると届かない。

海底地形図はなつしまがあらかじめ作る。音波が海底に反射して戻ってくるまでの時間をもとに自動作成する。漁船が魚の群れを調べるのに使う魚群探知器と基本的な原理は同じである。

しんかい６５００

その後、より深い所の調査もできるように、一九九〇年「しんかい６５００」が完成している。これは六〇〇〇メートルまで潜航可能なフランスのノチールやアメリカのシークリフよりも五〇〇メートル深い所まで潜航できるので、世界最深の有人調査船である。しんかい２０００はこれと一〇年間ほど同時運行していたが、二〇〇二年の潜航を最後に、二一年間の潜航を終了した。しんかい６５００はしんかい２０００よりも高圧に耐えるように、特に乗員が乗り込む耐圧球の材質が変更になった。これ以外に、深くなった分、下降・浮上に時間が余計にかからないように速度を上げるための工夫・改良がされている。しかし、基本的な構造はしんかい２０００と同じである。現在も「よこすか」を母船として活躍中である。

潜航調査に

潜航位置の決定

材木状軽石が発見されたのは一九八四年九月の潜航調査のときである。そのとき私は母船なつしまの乗船研究員であって、しんかい２０００の乗船予定はなかった。ただ、このとき採集した材木状軽石のサンプルを実験室に持ち帰り、顕微鏡観察や化学分析、比重測定などの実験を行いながら、学会誌に発表するための論文を書き進めていた。そうしているところで、一九八六年、しんかいに乗船する機会がおとずれた。

しんかいが沖縄トラフの伊平屋海凹を何年も調査してきたのは、船上からの調査でこの海域に高温の場所があることがわかっていたからである。しかし、正確な場所は不明だった。ここでは海底で熱水が噴き出していることが十分に考えられる。これはしんかいでなら探せる可能性がある、と考えたわけである。したがって、一九八六年の潜航テーマも「沖縄トラフ中央海溝の研究」となっており、熱水現象の発見が最大の目的であった。ただ、調査を繰り返しているにもかかわらず発見できないので、どこかで諦めなければならないのかも、という空気が漂っていた。

そうした中で、私は材木状軽石の論文を書き進めている関係で、ビデオでなく、ぜひこの目で直接海底の軽石を観察したいと思っていた。

過去の潜航記録から、海底地形図のどの山（海丘）にはどのような岩石がどのように分布しているか、ということがわかっている。しかし、当然、すべての山を調べきってはいない。熱水が見つかればラッキーだが、今までこれほど調査しても見つからないのだから、そう簡単に見つかるはずはない。もともと私はクジ運がよくない。それより確実性が高い材木状軽石を狙いたい。

たった今しんかいが潜航した山では材木状軽石はなく、枕状溶岩が広がっていた。二年前の一九八四年に材木状軽石が見つかった山（以下、A海丘）の六〇〇メートルほど西隣にも同じよ

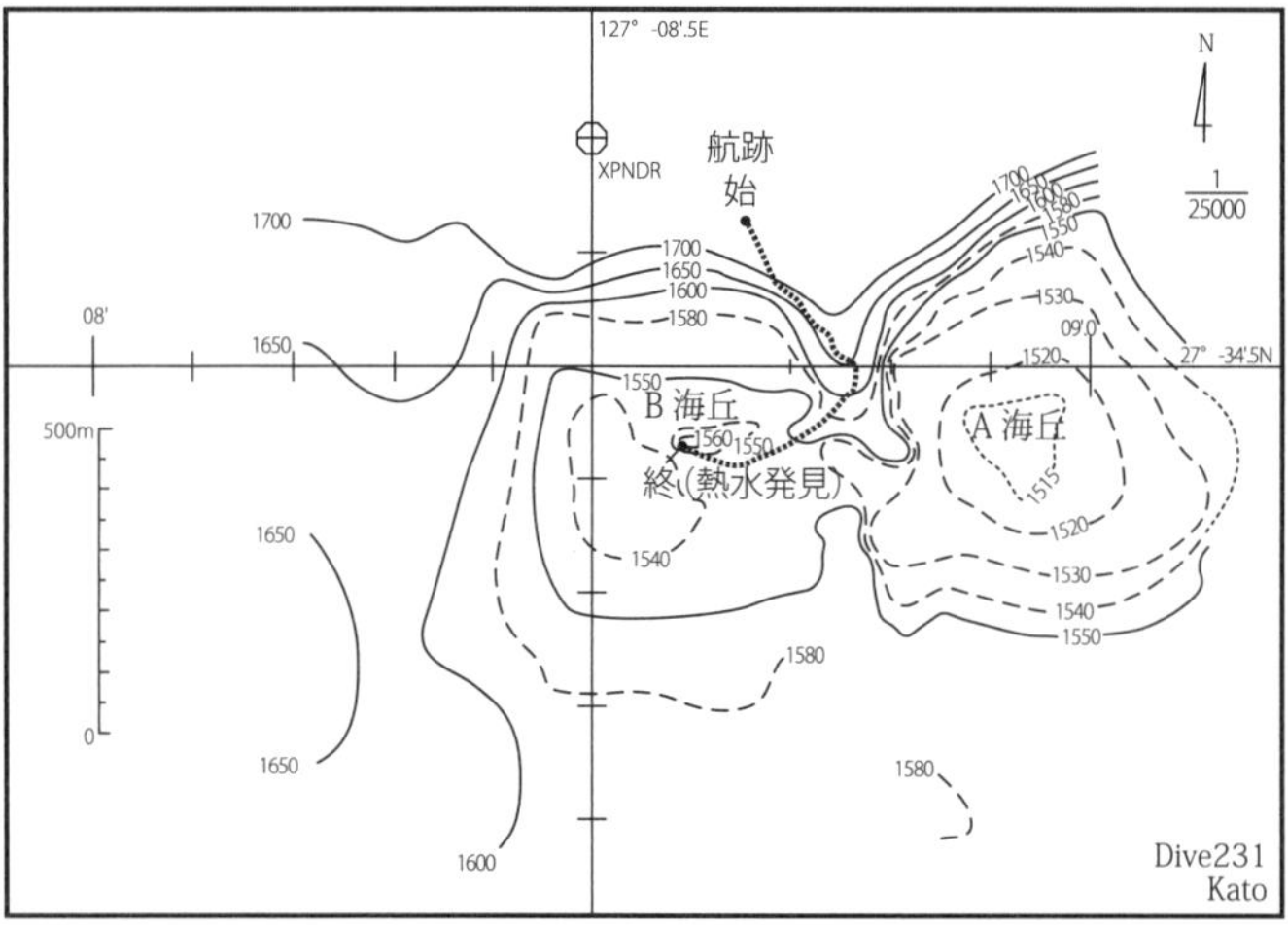

図 10 − 4　伊平屋海凹潜航海域の海底地形図。太い線が筆者の航跡。数字は水深。

うな大きさの山（以下、Ｂ海丘）がある（図10－4）。ここは未調査である。同じＡ海丘に再度潜航するのは能がない。よし、これにしよう。材木状軽石が見られるに違いない。

　こうして潜航位置をＢ海丘に決定した。潜航前日の午後である。

いよいよ潜航

　一九八六年七月四日、いつもより早く目が覚める。いよいよ生まれて初めての潜航である。わくわくする。さいわいに天気がいい。潜ったらトイレはないから、朝食は水分を控え目にする。

　しんかいの周りではいつものように担当者が計器の点検や作動の確認などの始業点検をなれた手付きでしている。夏なので海上でも沖縄近海は暑い。あとで寒くなるとのアドバ

写真10－7（右）母船「なつしま」上の「しんかい」と筆者。写真10－8（左）クレーンで吊り上げられ潜航に入る「しんかい」。ダイバーがボート上で待機中。

イスがあったので長袖シャツを着たが、やはり暑い（写真10－7）。

九時半過ぎ、袖をまくった姿で上部の昇降筒から垂直なハシゴで丸い船内に降りる。換気を兼ねて涼しい空気を太い送風パイプで船室に送り込んでくれていたので、船内は快適である。

九時四〇分、送風パイプが引き揚げられ、「頑張ってきてください」と声をかけられて外からハッチが閉められる。床にあぐらをかいてたくさん並んだ計器の表示板と操舵関係のハンドル類をながめる。飛行機のコックピットと似た感じである。水温・水深・船の向きなどが読み取れるようになっている。

二〇センチメートルほどののぞき窓から外の様子を見ていると、船はナイロンロープで高く吊り上げられる（写真10－8）。次にクレーンが下がって、徐航する母船の後方に着水すると窓は水面下にな

写真10－9　海面に降りた「しんかい」からロープなどを外すダイバー。

る。船体が波で左右に揺すられる。

全潜航を通して、揺れるのは最初と最後の水面に浮いているときだけである。しんかいを吊り上げていたロープを、モーターボートに乗った二人のダイバーが水に飛び込んで外す（写真10－9）。作業が終わったダイバーが、窓の外に回って手を振ってから遠ざかっていく。母船からの「主索《しゅさく》離した」という声が船内スピーカーから流れる。いつの間にか室温が上がって蒸し暑くなっている。

一〇時。しんかい「各部異常なし。潜航用意よし」。母船「潜入せよ」。しんかい「ベント全開」。これで船体上部にあるバラストタンクの空気を抜く。するとタンクの下から水が入り沈み始める。ついに潜航開始である。「深さ三〇メートル。異常なし」「深さ一〇〇メートル」「深さ二〇〇メートル」と、つぎつぎ母船に連絡を入れる。潜り始めると揺れは直ぐに治まる。しんかいの船長と潜航士の慣れた器機操作と応答に感心しながら、私はといえば、ひたすら窓の外を見ている。

暗黒の中へ

沖縄の海の水は透明度が高い。だから、どのくらいの深さまで太陽光が届くのかは以前から興味があり、潜航のときに確かめたいと思っていた。深さは一〇〇メートルごとに母船に報告をしているので、それを聞きながら、窓に顔を近づけて太陽の光が当たっている白いフレームに注目する。色が青から緑に変わり、次第に黒ずんでいく。五〇〇メートルを超したあたりでついに見えなくなってしまった。もう、外は真っ暗である。

黒い水中を、雪のような白くてフワフワした感じのマリンスノーがヘッドライトの中に浮かぶ。これはプランクトンの死骸やいろいろな生物の排泄物だという。マリンスノーはごくゆっくりと沈んでいるのだが、船が時速一・二キロメートルほどの速さで下がっているので、下から上に消えていく。ぼたん雪が上下逆に降っているみたいで、妙な感じがする。

気がつくと蒸し暑かった船内がかなり冷えてきた。おかげで空気がとてもさわやかである。シャツの袖を伸ばすが寒い。船内に用意してある、防寒用の上下つなぎの潜航服を着る。狭い船内でも着やすいように、ズボンは足を差し込むのではなく、足を包んでファスナーで留めるようにできている。

潜航後にもらったデータによれば、この日、潜航を始めたときの水温は三一℃だった。水面ぎりぎりではこれより一〜二℃高いに違いない。さすが沖縄である。この後、潜るにつれて水温が下がり、水深二三〇メートルで二〇℃、太陽光が来なくなった五五〇メートルで一〇℃に下がる。船室は金属でできているから、冷たい海水に触れて室温もどんどん下がっていく。

水深一〇〇〇メートルを超すと水温はゆっくりと四℃に近づいていく。母船から「コース一五〇度にて航走せよ」と指令が入る。しばらくあって、母船「航走停止せよ」。しんかい「航走停止した」。これは目的地点に着底するための指示である。海流などを考慮して、しんかいがなるべく目的地近くに降りられるような所から潜航を開始しているのだが、計算通りにはいかない。そこで母船はしんかいに短時間航走を指示して、目的地に着底できるように調整するのである。一五〇度というのは北を〇度として時計方向に一五〇度ということである。ほぼ南南東の方向である。

着底

海底まであと五〇メートルほどというところで鉄の玉を一部捨てて、船体の重さと浮力とを釣り合わせる。これをツリムという。

一一時二〇分、しんかい「ツリムよし。これより着底する」。

一一時三〇分、しんかい「着底した。深さ一七六〇。視程七メートル」。B海丘の北側にあるゆるい斜面である（図10－4）。着底した場所は泥がかなり積もっていて、黄土色の煙のような泥がゆっくりと舞い上がり、いつまでも漂っている。平らな泥の面に溶岩らしい黒い岩が少し見える。熱水調査のため、マニュピレータで地中温度計を泥に差し込み、しばらく放置する。ここで、まだ少し早いが昼食にする。夢中になっていたのでわからなかったが、朝、船室に入ってからもう二時間も経っている。

コックさんが作ってくれた弁当を開けると、サンドイッチが出てくる。ポットにはコーヒーが入っている。なかなか美味い。

魚でも通らないかと窓から外を見ながらほおばる。

無彩色の生物

しばらく見ているうちに、黒い一〇センチメートルほどの魚がライトの中を横切る。暗黒の世界では目は役に立たないから退化してしまっているのであろう。光に照らされているのに特に反応しない。

明るい所に棲んでいる生き物はきれいな色で身を飾る。花も鳥も、そして人間も。でも、暗黒の世界ではすべての色が黒になる。だから苦労をしてきれいな色を身に付ける意味がない。そのため、深海魚は、白・灰・黒といった無彩色である。毎日が、その日も朝から夜だった、ということになる。

こういう世界に生活することを考えると人生何がおもしろいかと思うわけだが、実は余計なお世話で「アンタにはわからんだろうけど、要らぬめんどうがなくて気楽なんだよ」と、魚は言っているのかもしれない。

山頂に向けて移動開始

地中温度計に特に変化は見られなかった。正午、南に向けて斜面を登り始める。とにかく泥が多い。かなりの厚さがありそうだ。斜面の勾配が大きい部分では、泥の中に傾斜方向に直角な数本の亀裂が走っているのが見える。泥が厚くなって下部が動いたためであろう。一種の小規模な地辷《じすべ》りである。

泥を見に来たのではない。材木状軽石を見たい。母船に現在位置を照会する。しんかい「リクエスト・マイ・ポジション」。母船「九五度四五〇メートル」。これはあらかじめ地図上に設定した基準点（図10－4のXPNDR）から九五度方向に四五〇メートルの地点ということである。地形図で確認すると、ここは東のA海丘と目的のB海丘の間の谷間である。どおりで泥が多いわけである。進路をB海丘に向けて西方向に変える。左前方の鞍部《あんぶ》をかすりながら山頂方向に向かう。登るにつれて泥の中に黒い溶岩と思われる岩が見え始める。どれも角張っていて丸みがない。これは枕状溶岩ではない。つまり玄武岩ではない。A海丘同様、デイサイトなのだろう。

一三時、母船「離底予定時刻をヒトヨンマルマルとせよ」。あと一時間という指示である。さらに上昇を続ける。

写真10－10　見つかったオレンジ色の堆積物。この中から42℃の湯が湧出しているので、横から見ると揺らぎがわかる。提供：独立行政法人海洋研究開発機構。

湯の沸き出しを発見

突然、大きな窪みをまたぐ。船の四倍ほどの大きさがある。ということは直径四〇メートルほどである。内側は急傾斜で落ちている。この地形は小さいために、用意した地形図には示されていない。大きさと形から判断して火口に違いない。その斜面の黒い岩の一部に縦方向の白いすじが見える。少し進むと、今度は上部に一メートルほどの黄色い部分が見える。

私「なんだ？　生物じゃないな。チムニーだとすると黄色いのは硫化物じゃないかな」。船長「あ、何か出てますよ、先っちょから。お湯みたいな。見て下さい。揺らいでますよ」。近づいてよく見ると、高さ数メートルのふくらみ最上部のオレンジ色の尖った所からしきりにお湯が湧いている（写真10－10）。

一三時一〇分、水深一五三五メートル、ついに発見した。しんかい「現在停止し、チムニーらしきものを観察中。岩に黄色のものが付着し、お湯らしきものが揺らいでいる」。

早速、温度計を湧き出し口に差し込む。船内のメーターを潜航士が読み上げる。「四・七、六・〇、九・〇、一七、一八、二七、三三、三五、三六、四〇、四二」。四二℃まで上がった。熱めの風呂の温度である。直ちに母船に温度を報告する。

船内では「見事ですね」「やりましたね」と大喜び。後から聞くと母船の総合司令室でも「やった！」とどよめきが起きたそうである。とにかく発見できてよかった。長年の宿願を果たした。

場所は北緯二七度三四分、東経一二七度九分である。

この後、オレンジ色の堆積物を採集しようとするが、柔らかい上にもろくて、マニュピレータで挟もうとすると簡単に崩れてしまう。何度も失敗した後で、ほどよい大きさの塊を手前のサンプルかごに掻き込むようにすると、塊のまま入ってくれた。飛び出さないように上からマニュピレータで軽く押さえる。

規模と分布範囲の確認のため移動を始める。船長「前進ふた速、おもかじ一五度」。少し行くとオレンジ色は見えなくなり、地形が下り始める。つまり、オレンジ色の部分は火口縁の頂部に限られていた。火口周辺の状況を観察後、深さ一五メートルほどの火口底に降りる。

一四時一五分、しんかい「水深一五六五メートル。大きなクレータの底と思われる。これより離底する」。予定より一五分遅い離底である。

一四時二〇分、しんかい「離底した。一五四〇メートル」。母船「サンプリングの結果知らせ」。しんかい「黄色物の付いた部分をたくさん捕獲した。浮上後、曳航中に崩れる可能性あり」。

一五時二〇分、水面に浮上。外を見ると、波に揺すられるたびに採ったサンプルがかごの縁にぶつかり、崩れて細かくなり、舞い上がってどんどん逃げていく。しんかい船長の予想通りである。気が気ではない。ロープで空中に引き揚げられた後に見てみると、残ったのは最初の一〇分の一ほどだった。でも残ってよかった。

一五時四六分、ハッチが開けられる。終わってみるとあっという間の潜航だった。母船の人たちが笑顔で迎えてくれた（二三八ページ・写真10－14）。

ユリアポット

思わぬ発見で夢中になっていたが、考えてみれば一一時前から三時間以上冷たい所にいた。作業が終わって上昇を始め、気がゆるんだら尿意をおぼえてきた。大したことがなかったのでそのまま我慢してしまったが、船内にはそのための用意がしてある。

これはユリアポットという商品名で市販されている薬品入りのポリ袋で、口の所にはそれなりの工夫がしてある。渋滞した車の中で子供が待てないと騒ぎ出したとき使えるように開発されたものである。いや、大人でも男女とも使えるようになっている。ただし、大きいほうはダメである。能書きには「オシッコがニオイもなく数秒で固まる」とある。固まるとプリンのようになるそうである。後日プリンを食べるときは、このことを思い出さないほうがよかろう。

かつて日本人研究者がアメリカの潜水調査船に乗せてもらったときにこれを持ち込んだという。それは何かと聞かれて説明したところ「オー・ジャパニーズ・ハイテクノロジー」と言って感激し、早速日本から大量に取り寄せたという。その調査船に用意してあったのはただのポリ袋だったらしい。これでは、うっかり寝返りを打ったら大変なことになる。

B海丘の堆積物

後日、採集したオレンジ色の低温熱水性堆積物について分析を行った。色を詳しく見ると、湯の湧き出し口から外側に向かって黄緑色、黄褐色、黒色と変化する。黄緑色の物質は粘土鉱物の一種、鉄を含んだスメクタイトであり、黄褐色の部分は鉄の水酸化物が多い沈殿物だった。黄緑色、黄褐色の色は含まれている鉄のせいだった。硫化物はなかった。

また、周辺の黒い部分は後に沈殿したマンガン酸化物だった(5)。なお、船内でチムニーとしたものは、形態からマウンドと呼ぶべきものであった。

集中調査で硫化物も発見

温水湧き出しの発見をきっかけにして、その後、外国の調査船まで加わった調査がこの周辺海域で集中的に行われた。その結果、なつしま海丘南南西三五キロメートルほどの伊是名海穴《いぜなかいけつ》で、たくさんのチムニーや三三六℃の熱水を噴き出すブラックスモーカー、その近くにコシオリエビやシロウリガイなどの生物群集が確認された[(6)]。こうした高温熱水現象は世界のほかの熱水域で見つかっているのと同じものである。

熱水の噴出口近くでは硫黄と金属の化合物である硫化鉱《りゅうかこう》も見つかった。黄鉄鉱《おうてっこう》・閃亜鉛鉱《せんあえんこう》・方鉛鉱《ほうえんこう》・四面銅鉱《しめんどうこう》などである[(7)]。熱水に溶けている金属イオンが海水に触れて金属成分が沈殿し、鉱石ができるわけである。日本の東北地方などにある黒鉱鉱床《くろこうこうしょう》は、こうした熱水作用が長期間大規模に活動してできたものである。

三〇〇℃を超えて熱水、つまり水蒸気でなくて液体というのは妙な気がするかもしれない。水は一〇〇℃で沸騰して水蒸気になるはずだからである。しかし、それは一気圧のときのことで、水深が一五〇〇メートルあればそこには一五〇気圧という高い圧力がかかっている。この圧力下では水は三〇〇℃を超えても沸騰できず、液体のままでいる。だから熱水という。これは圧力釜を使うと沸騰温度が高くなるのと同じことである。そのため短時間でよく煮える。逆に、富士山頂では気圧が低いために八七℃ほどで沸騰してしまう。そのため生煮えになる。つまり、圧力が変われば沸点も変わるのである。

なお、水は圧力を加えればどこまでも沸騰しないのかというとそうではなく、二一八気圧、三七四℃が限界で、これより高温・高圧では水と水蒸気の境目がなくなってしまう。つまり沸騰という現象がなくなってしまう。この温度・圧力を水の臨界点と呼ぶ。

コシオリエビやシロウリガイなどの生物が熱水湧き出し口の近くにいるのはこういうことである。三〇〇℃もある湯に触れたらエビや貝は塩ゆでになってしまう。しかし、離れた所では四℃でとても冷たい。だから、中間には丁度いい所がある。そういう所に彼らはつくだ煮のごとく群れをなして棲《す》んでいるのである。

材木状軽石の分布と成因

溶岩と材木状軽石は兄弟関係

潜航調査で思わぬ発見ができたが、当初目的にしていた材木状軽石を観察することはできなかった。でも、A、B両海丘の間の谷間は泥ばかりで材木状軽石がないことは確認できた。つまり、材木状軽石はやはりA海丘の頂部にだけ分布しているのである。

こうした軽石の産状から、A海丘をつくっている溶岩とそこだけに分布している材木状軽石とは、互いに同じマグマからできた兄弟関係にある、という予想ができる。そこで、以下二つの性質を調べた。

まず第一は、含まれている斑晶《はんしょう》鉱物《こうぶつ》の比較である。これを調べるには、溶岩についてはプレパラート（薄片《はくへん》）を作って偏光顕微鏡で観察すればよい。問題は軽石である。ただプレパラートを作ってもなかなか斑晶が出てこない。出てきても一つか二つで、それで全部なのか一部なのかがわからない。

　理由はマグマから軽石ができるときに、発泡のためふつう五倍以上に膨張するためである（5章・八一～八二ページ）。だから、軽石を切断したとき斑晶に当たりにくいのである。それで、軽石については通常のプレパラートを作るのではなく、こぶしの半分ほどの量を細かく砕いて水洗いをし、斑晶を集めてプレパラートにするのである（巻末附録参照）。

　こうして溶岩と軽石の斑晶鉱物を比較したら、両者は見事に一致した。すなわち、多い順に、斜長石《しゃちょうせき》・紫蘇輝石《しそきせき》・普通輝石《きせき》・普通角閃石《かくせんせき》・磁鉄鉱《じてっこう》と、種類、つまり鉱物の組み合わせも、量の順序も一致したのである。

　第二に、岩石全体の成分を比較するために、溶岩と軽石の化学分析を行った。その結果を、横軸に二酸化珪素SiO_2、縦軸にSiO_2以外の酸化物成分を一つひとつとったグラフを作ってみると、どの成分も滑らかな曲線に乗った（図10－5）。

　以上二つの結果は、溶岩と材木状軽石が同じマグマから生まれた兄弟であることを示している。

　このように、野外（海底）での産状を見ても岩石学的な性質を見ても、両者は兄弟関係にあることが確認できた。ということは、材木状軽石はこのA海丘の地下で形成されたということになる。

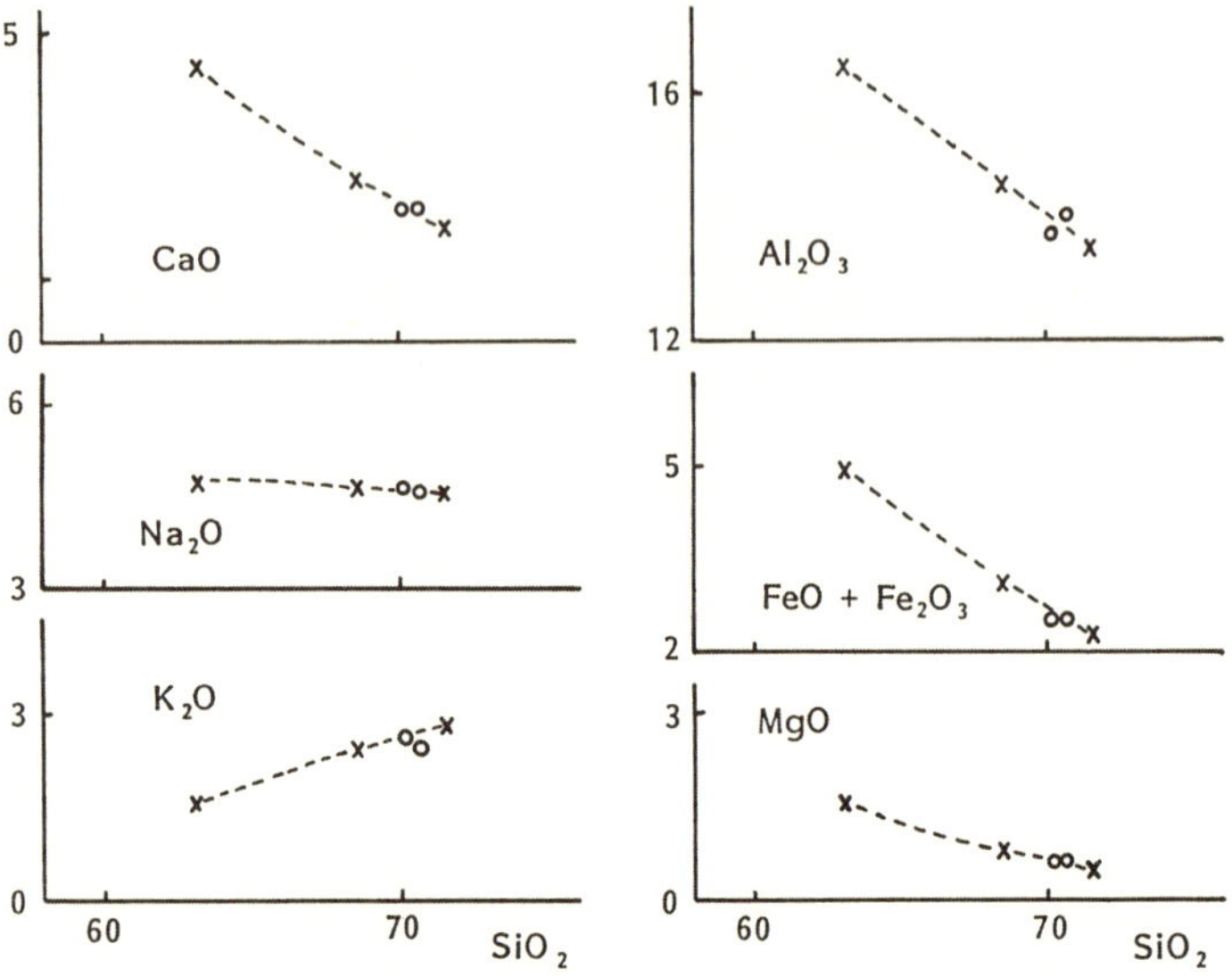

図 10－5　SiO_2－酸化物図。材木状軽石（○）とその山の溶岩（×）が同じ線にのるから同源であると考えられる。

なぜ気孔がパイプ状なのか

一般に、軽石中の気泡は丸く、小さいほど球形に近い。表面張力のためである。しかし、軽石が火道《かどう》を上昇するとき、火道の壁に接する部分よりその内側のほうが速度が大きい。この差のために軽石は引っ張られて丸い気泡が細長く伸びる。それに対して、火道の中央部分では特に変形の力を受けないので、気泡が丸いふつうの軽石になる。火道の壁との摩擦は火道が細いほど受けやすいと思われる。材木状軽石はこうした摩擦を受けやすい状況下でできたものであろう（写真10－11・10－12）。

材木状軽石を顕微鏡で観察して見えた気孔のうち、太くて長いパイプは、最初に発泡をはじめて大きくなった丸い気泡が引き伸ばされたものであり、細くて短いパイプは、これに遅れて発泡を開始したものであろう。そして、体積としては無視しうるほど少ない小さな球形の気孔は、噴火後の遅延発泡《ちえんはっぽう》で生じたものであろう。この発泡は、火道内での発泡が終わった後の、時期が遅れた発泡なので遅延発泡というのは5章八〇ページでも述べた通りである（写真10－4・10－5）。

上昇中に火道中央を通過し、気孔が摩擦による変形をあまり受けなかった軽石があれば、それはそのまま浮上し、漂流していったのであろう。

写真10－11　平行なパイプ状の気孔が集まった線構造が見える。これにほぼ直角な亀裂に沿って割れている。

材木状軽石はなぜ浮かない

材木状軽石は噴出すると、そこは海底なのでいきなり水に触れて冷却される。そのためパチパチとヒビが入る。一方、気泡中につまっていた水蒸気は冷されて水になる。このとき体積は一〇〇〇分の一ほどに縮小するため、気孔内は真空に近い状態になる。そこに、急冷してできた、気孔を切る方向のヒビに沿って海水が吸い込まれ、あっという間に気孔は海水で満たされてしまう。

材木状軽石が分布している場所は水深一五〇〇メートルほどなので、水圧は一五〇気圧ある。この高い水圧は気孔への水の浸入を加速する。海水が浸入することで冷却がさらに軽石の奥まで進行する。するとさらに、亀裂が発生し、海水のさらなる浸入が加速度的に進行する。

このようにして材木状軽石の気孔に次つぎと海水が浸入し、全体の比重が一を超えて海水より重くなると、浮上をやめてほぼその場に静かに着底する（表10－1）。

このような理由で材木状軽石は火口からほとんど移動せず、海丘の頂部にのみ大量に転がっているものと考えられる。着底するとき浮力を受けて穏やかに沈んだので、軽石に亀裂が多数あるにもかかわらず、全体が壊れなかったのであろう（写真10－1・10－2・10－12）。

材木状軽石の比重と空隙率

材木状軽石が浮上しなかった理由を詳しく調べるために、比重と空隙率を測ってみた(1)。

軽石の気孔に水が浸入することを考えるとき、気孔は二種類に分けられる。一つは急冷の結果、

表 10－1　材木状軽石の比重と空隙率 (1)

	材木状軽石 a	材木状軽石 b	西表海底火山
乾燥比重	0.25	0.89	0.39
浸水比重	1.12	1.28	0.92
真 比 重	2.43	2.40	2.41
透水空隙	86%	35%	53%
孤立空隙	4%	28%	31%
全 空 隙	90%	63%	84%

写真 10 − 12　パイプ状の気孔が作る線構造と、これを切断する方向の亀裂がよくわかる。

パイプが亀裂に切断されて外部とつながった気孔である。この気孔には、水中で真空状態になると水が浸入してくる。こうした気孔を透水空隙という。

もう一つの気孔は亀裂とも他の気孔ともつながっていない独立した気孔である。この気孔には、内部が真空状態になっても水が浸入してこない。こうした気孔を孤立空隙という。気孔のうち、パイプ状気孔は透水空隙になりやすく、特に長いものほどこの傾向が顕著である。それに対して伸びのよくない気孔や小さな球状の気孔は孤立空隙になりやすい。

次に、軽石の比重に注目する。気孔に空気が入っているときの、ふつうにいう見かけ比重を乾燥比重と呼ぶ。それに対して透水空隙がすべて水で満たされているときの比重を浸水比重と呼ぶ。これは、水をいくら吸ってもこれ以上は重くならない、という比重である。

これらの測定結果をみると、材木状軽石では二試料とも乾燥比重が一より小さいから浮くはずだったのに、気孔に水が浸入したために浸水比重が一よりも大きくなり、海底に堆積したことが理解できる（表10－1）。

全空隙率が九〇パーセント、八四パーセントと大差がない材木状軽石ａと西表海底火山軽石を比較すると、全空隙率に対する透水空隙の割合が明瞭に異なることがわかる。すなわち、材木状軽石ａではこの割合が九六パーセントである。それに対して、西表海底火山では六三パーセントと明瞭に低く、その分孤立空隙が多い。そのため西表海底火山は浸水比重が〇・九二であり、水を吸ってもこれ以上比重が大きくならないので沈まない。

なぜ深海にしか材木状軽石がないのか

その後の調査で、沖縄トラフ以外の海域でも材木状軽石が見つかっている。しかし、形がきれいな材木状軽石は一〇〇〇メートルを超すような深海でしか見つかっていない。海水の気孔への浸入は水圧が高いほど速やかに進行する。

逆に水深が浅いほど水の浸入が遅くなる上に、浅所では水圧が低いため、軽石内部の冷え切っていない部分での遅延発泡が起きやすくなる。これが起きると材木状軽石の構造は、膨張のために内部から押されてヒビが入り、壊されやすくなる。

フランスパンを焼くとき、焦げて固くなった皮が、中が膨らむためにヒビ割れするのと似ている。こうした理由で材木状軽石は深海でしか発見されないのであろう。

なぜ陸上に材木状軽石がない

軽石が噴出した場所が陸上の場合、海底と二つの大きな違いがある。一つは冷却速度である。空気による冷却は水より穏やかであるだけでなく、同時に噴出した火砕物や火山ガスは高温なので、その中にいるうちは急冷はしない。二つ目は外圧で、海底と違い空気中では一気圧しかない。

以上の二つの条件の違いのため、陸上に噴出した軽石では遅延発泡が進みやすい。そのため、膨張による内部からの力を受けて破壊しやすい。加えて、上空に飛ばされたときは着地時に衝撃を受けやすいし、火砕流で流されるときは移動中にほかの火砕物と衝突して破壊が進みやすい。

こうした理由で、噴出時の形は失われ、バラバラに壊れてしまうのであろう。陸上に堆積した火砕物中にはパイプ状の気孔が発達した軽石がよく見られる（写真10－13）。こう

写真 10 － 13　北海道恵庭火山の降下軽石。線構造が発達している。

写真10－14　熱水湧出を発見した潜航を終えて船外に出る筆者（右）。

した軽石の中には、深海底なら材木状軽石になっていたものがあるに違いない。

材木状軽石は海底噴火の証拠になる

結局、材木状軽石は深海で噴出したので、壊れずに残ったのである。したがって、堆積物中に材木状軽石が見つかれば、その堆積物は海底の、しかも、多分一〇〇〇メートルより深い海に堆積したことを示す証拠となる。

日本列島、特に東北日本の日本海側にはグリーンタフ地域と呼ばれる場所がある。ここは第三紀中新世、つまり一〇〇〇〜二〇〇〇万年前に海底火山活動が盛んに行われた所で、黒鉱鉱床があるのもこの地域である。ここには材木状軽石があるに違いない。まだ見つかっていないが、あっても気付かれないでいる可能性がある。ただ、岩石が熱水のために緑色に変質していてわかりにくくなっているという難点はある。

でもそのうちグリーンタフ地域の野外調査の機会を作り、陸上で材木状軽石を見つけ出したいものと思っている。

【附録】
◎野外観察の手引
◎室内実験の手引

◎野外観察の手引

海岸で漂着軽石を探す

砂浜に行く。岩場では見つからない。満潮時をさける。満潮時に海水が達する位置（満潮位）周辺かそれより上を探す。すぐ上の林の中で見つかることもある。軽石はふつう丸くなっている。水に浮く木くずや発泡樹脂などが打ち上げられていたら、その中や周辺を探す（写真附－1・附－2・附－3）。サンプルは必要な量だけ採り、採り過ぎないようにする。

台風の後だと見つかりやすいかもしれない。強風が海岸に向かって吹いたところでは期待できそうだ。ただし、台風の後は波のうねりが残っているために、何分かおきに大きな波が来ることがあるので注意すること。

軽石は一度採りつくしてしまうと、その後しばらくは採れない。でも時間をおくと再度漂着する可能性があるので、数か月して再度探すと見つかるかもしれない。あまり深い入り江だと漂着

写真附－1（上）　石垣島北西海岸に漂着した福徳岡ノ場の軽石。

写真附－2（左）
沖縄本島東海岸大宜味村の軽石漂着状況。

写真附－3　伊平屋島北西海岸に漂着した福徳岡ノ場の軽石。

しにくい。また、潮流の加減で漂着しやすい海岸としにくい海岸があるので、見つからないときは隣の海岸、別の海岸を探してみる。

海岸から少し上に砂丘があれば、その中に軽石が挟まっていることがある（写真附－4・附－5）。冬の強い季節風が当たる海岸では砂が吹き付けられ、あるいは吹き上げられて、砂丘ができていることがある。

山で軽石を探す

本で火山を調べる。地方別・地域別の野外巡検案内書が書店に並んでいる。たとえば、『フィールドガイド日本の火山』（築地書館）がある。今は火山ではないが昔火山だった所でも見つかることがある。でも今の火山のほうがよかろう。古い火山では軽石が風化して粘土に変わっていることがある。

現地ではまず火山灰が積もっている場所を探す。その火山灰の中に軽石が入っていることが多い（写真附－6・附－7）。溶岩地帯では見つからない。だから、やたら山に登ればいいという訳ではない。軽石が火山灰中に見つかれば、海と違って丸くなく、角ばっていることが多いはずである。

写真附－４(上)・附－５(左上)　石垣島北部にある砂丘層中の黒い軽石。

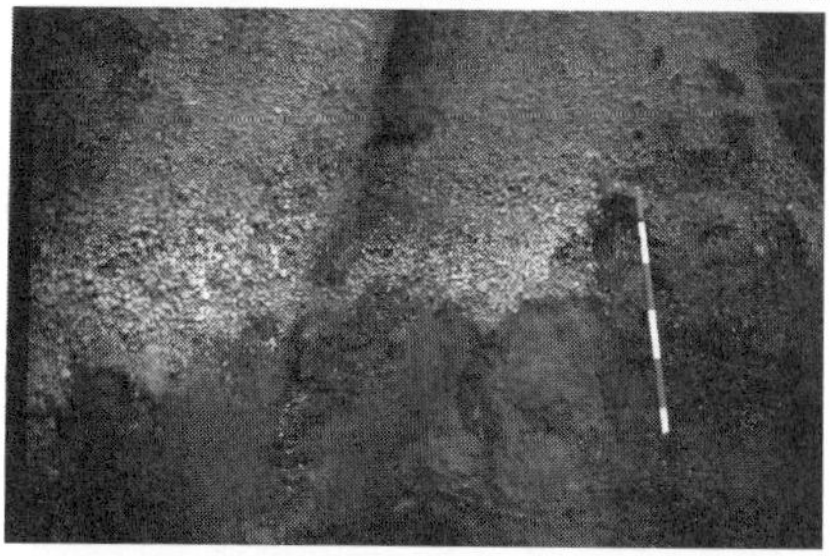

写真附－６　(左)
北海道恵庭火山の降下軽石層。白く見えている所は軽石密集部分。

写真附－７　伊豆諸島神津島火山の火山灰層。白い粒に見えるのが軽石。

野外に行くときに用意するもの

地図

五万分の一か二万五〇〇〇分の一の地図がよい。国土地理院の地図は日本全域がカバーされている。大きな書店に行けば置いてある。これ以外に、市販の地図帳でも探せば使えるものがある。現地では、自分が地図のどこにいるのかをいつも確認しておく癖をつける。サンプルを採ったら、場所を地図にメモしておく。

フィールドノート

野外でのいろいろなことをメモしておく。サンプルを採ったときは三か所にメモを書くことになる。一つは、サンプルに、二つは地図に、そして三つはこのノートに。サンプルに書いたメモ、あるいはサンプル番号などは、かならずノートに記しておく。

必要に応じてスケッチもとる。気付いたことも書いておく。後から思い出せないことがあったとき、このノートが頼りになる。

ノートはポケットなどに入れ、すぐ出せ、すぐしまえるほうがいい。だから大きいノートは不向きである。厚手の表紙がついた一〇×一七センチメートルほどのノートが市販されている。私はこれを使っている。

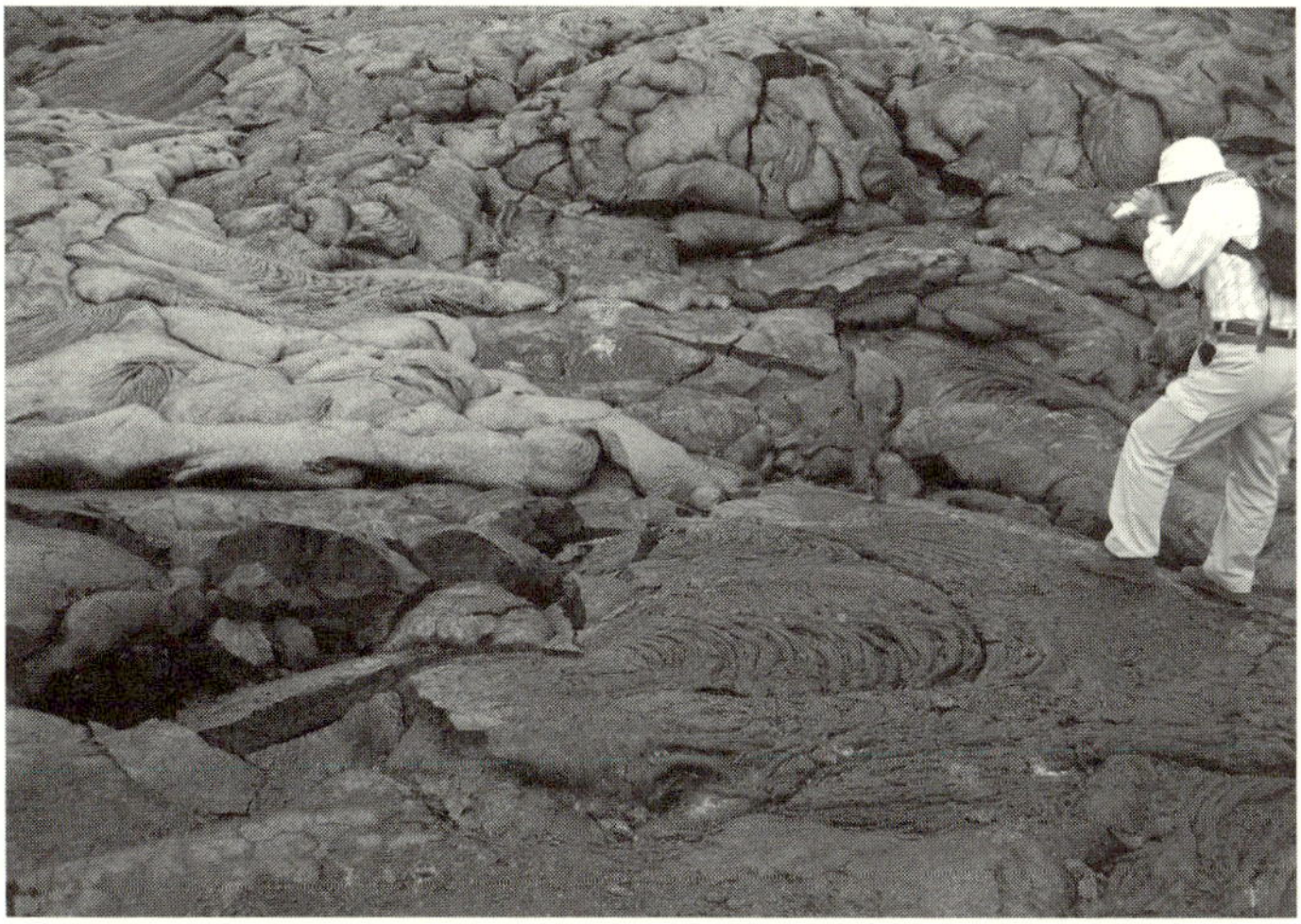

写真附−８　ハワイ島キラウエア火山の流れている赤い溶岩（左中央上の灰色部分）を撮影中の筆者。熱くてこれ以上は接近できなかった。撮影：小郷智子氏。

カメラ

必ず必要というわけではないが、あったほうが便利である。ノートにスケッチするのとは別に写真をとると、よい記録になる。写真を撮ればスケッチはいらないというわけではない。光線の加減などで写真ではよくわからないが、スケッチだとよくわかるということもあるからである。携帯電話のカメラでもよい。

写真を撮るときは、スケールを入れたほうがいい。そうすることで第三者にとってわかりやすい写真になる。遠景の場合は不要だが、崖全体を撮るようなときは人やハンマーを入れると大きさがよくわかる。

接近した大写しの写真では、拡大の程度によってほどよい大きさのスケールを置く。たとえばボールペンや硬貨のような誰もが見慣れたものをおく。場合によっては自分の指でもよい。特殊なものは避ける(写真附－9)。たとえば日頃目にしない器械の部品を置いたら、そのものの大きさを示す別のスケールが必要になってしまう。どの場合も、スケールは邪魔にならないように、画面の中央ではなく少し端に置く。

写真附－9　誰もが見慣れたボールペンをサンプルの側に置いて撮影すると一目でおおよそのサイズがわかる。硬貨などでもいい。

小型シャベルとハンマー

二〇センチメートルほどのシャベルがあると、携行にも楽で、火山灰層中の軽石を掘り出すときに便利である。ただし、必要以上に掘り返さないこと。軽石を割って調べるときはハンマーを使う。

サンプル袋

採った軽石同士を一緒にしておくと、互いにこすれてすり減り、粉になってしまう。そのため、小さなポリ袋をいくつも用意しておく。さらにこれを箱に入れ、押されてつぶれないようにする。金属製の菓子箱などがよい。どこでいつ採ったものかが時間が経つとわからなくなってしまうのでメモをする。方法は二つある。

一つは、ポリ袋にマジックインキで書く。もう一つは、紙にメモを書き軽石と一緒にポリ袋に入れる。ただし、軽石が濡れていたり汚れていたりするとメモが読めなくなることがあるので、帰ってから様子をみて書き直す。この場合、水でにじむインクを使ったペンの字は読みにくくなりやすい。ボールペンか油性のマジックインクがよい。

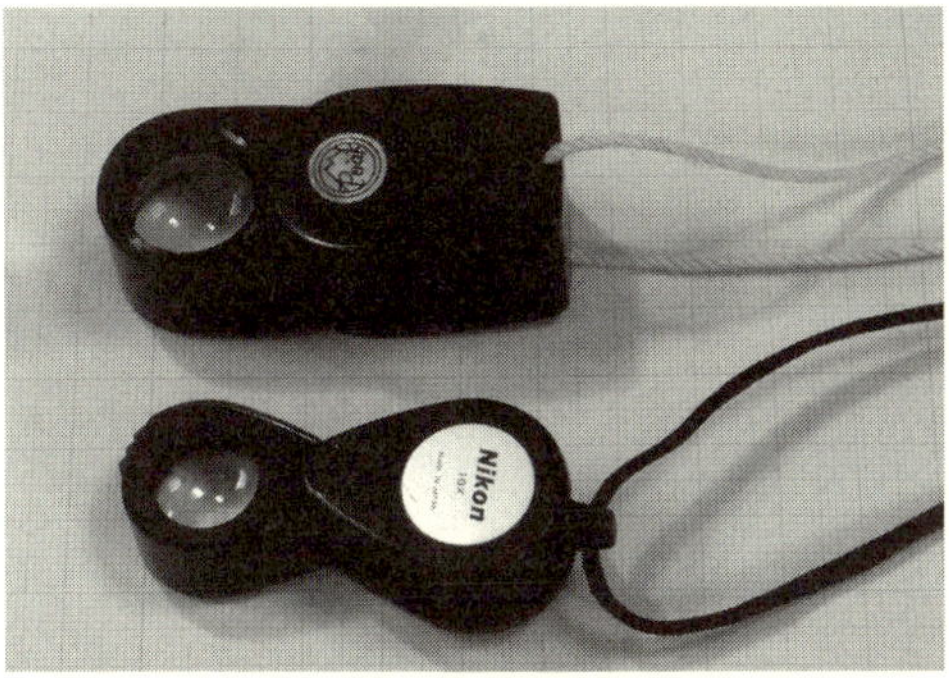

写真附－10　筆者が使っているルーペ。いずれも10倍。

ルーペ

ルーペという名前でいろいろな形のものが発売されているが、紐を通して首からぶら下げられるようになっている単純で軽いものがよい（写真附－10）。野外調査時のペンダントみたいな存在である。その都度ポケットから出すのでは面倒だし、なくす心配もある。

買うときは収差《しゅうさ》の少ないものを選ぶ。これは周辺部がぼやけたり、虹のように色が付く現象で、これが少なく、見たときに全体が明るくはっきり見えるものがよい。

倍率は少なくても五倍、なるべく一〇倍が欲しい。まれに二五倍と書いてあって、これが面積倍率のことがある。長さにすると五倍である。これは実際に見てみればわかる。

表示にどう書いてあるかではなく、自分の目で確認することが大切である。レンズが二枚あって出し入れでき、一枚で低倍率の観察もできるようになっているものがあるが、その必要はない。

服装

野外では動きやすく、汚れてもあまり気にならない格好がよい。履き物には特に注意する。暑いときは熱中症に注意し帽子や水も用意する。雨が降りそうなときはそれなりの準備をする。両手が自由になるように、荷物は背負い、手提げはさける。間違って転んだときケガをしにくい。作業用手袋も用意しておく。

いかに観察熱心でも、健康を害したりケガをしたりしては自慢できない。

ルーペによる観察

ルーペの使い方

左手にサンプル、右手にルーペを持つ。左右は逆でもよい。ルーペを見やすいほうの目のすぐ近くに固定し、サンプルをルーペに近づけたり離したりしてピントの合うところで止め、観察する。

両目を開けたまま見る。片目を閉じて観察すると、目がものすごく疲れる。見ていないほうの

写真附－11　ハワイ島グリーンサンドビーチで左手の平に取った砂をルーペで観察中の筆者。砂に直射日光が当たっているほうが見やすいので、光をさえぎる帽子をぬいでいる。撮影：小郷智子氏。

目も開いているのだから何かが見えているわけだが、人間は意識を集中しているものしか見えないので、気にならない。

これは単眼の顕微鏡をのぞくときも同じである。私は右手にルーペを持ち、左目で見るので、右目は手で半分隠されたようになり、右目から入る光は全く気にならない（写真附－11）。

サンプルに直射日光を当てて観察すると見やすい。曇っているときは、なるべく明るいところで観察する。室内では明かりに近づける。

ルーペによる観察

軽石を見るときの注目点は次のよ

うなことである。穴の様子、つまり、形が丸いか細長いか、大きさは、穴の壁はどうなっているか、穴以外に何が見えるか。結晶はないか、あったらそれは何色か、光を反射するか、透明か、形はどうか。石の粒のようなものがないか、あればそれはどう見えるか、色はどうか、などである。また、軽石を割って破面を観察すると、ガラスが見やすい。別の何かも観察できるかもしれない。

首にかけておきいつでも見られるルーペは、小さいけれどもとても役に立つ道具である。初めのうちは見えているものが何なのかよくわからなくても、繰り返し見ていると慣れてきて、初め見えなかったものが見えてくる。見ないでいると、いつまでたっても技術が上がらない。

◎室内実験の手引

軽石の肉眼的分類

採ってきた軽石を、色、穴の大きさや形など、工夫をしながら目やルーペを使ってグループに分ける。ただし、あまり細か過ぎる分類はしないほうがいい。大づかみに分けておいて、必要に応じてさらに細かく分ければいい。

グループには名前を付けておく。名前はどう付けてもいいのだが、そのグループの特徴を表す名、たとえば、白、黄、灰のような名前だとわかりいい。特徴を示すニックネームでもいい。

グループを細分するときは、白細・白粗のように、字を追加すればよい。機械的にa・b・cなどと付けると、どれがどれなのかを覚える必要が生じるし、別のグループと勘違いするおそれもある。

名前は愛情をもって付けるべきである。

水に入れる

ビーカー、なければ透明な広口びんやキンギョ鉢に水を張り、軽石を入れる。軽石だから浮くはずである。でも、軽石によって違いがある。横から見ると浮き具合がわかる。氷のようにほとんどが沈むもの、逆に半分以上が水面から上に出るものなどがある。これとグループが関係あるかないかを調べる。

グループの中で差があったら、肉眼観察で見えた何かの特徴と関係あるかどうかも調べてみる。

軽石から鉱物を取り出す

たたいて粉末にする

水に入れた軽石を十分乾かしてから、鉄鉢に入れ、先が丸い鉄の棒（乳棒）でたたいてつぶす（写真附－12）。鉄鉢だと欠片が周りに飛びにくいのでいいのだが、なければ平らな鉄板か丈夫な石の上に置いてハンマーでたたく。周囲に飛び散るので、下に新聞紙などを敷いておき、飛んだ軽石を回収する。

たたくと、とても細かい粉と、まだ粗い粒とができる。これを篩《ふるい》で分けて、粗い部分を再度たたき、全てが篩を抜けるまで繰り返す。

スーパーで買うとき、篩の目の大きさはなるべく細かいものを選ぶ。研究用の篩を使うときは六〇メッシュを選ぶ（篩目開きが〇・二五ミリメートル相当）。

鉄鉢を使うときは、いつまでもたたき続けてやたらに細かくせずに、頻繁に篩にかける。そうしないと細かくなりすぎて、捨てる部分が増えてしまう。

海で採った軽石には塩分が染みているはずである。塩分があると上記の作業で使う鉄鉢やハンマー、篩などの金属を錆びさせる心配がある。そのため、こうした軽石は最初に水につけてよく洗う必要がある。

篩を通った軽石をビーカーに移し、水を入れると沈むはずである。これで軽石が浮くのは気孔があるせいであることがわかる。たたいたために気孔が壊れてしまったのである。このことは、粉の一部を取って顕微鏡で見るとわかる。

見るときは、粉を水ですすぎ、濡れたままプレパラートに載せて観察する。粉は少量でよい。多すぎると粉同士が重なってわかりにくい。気孔が壊れて複雑な形になったガラス片が見える（写真附－13）。

写真附－12　鉄鉢と鉄の乳棒。

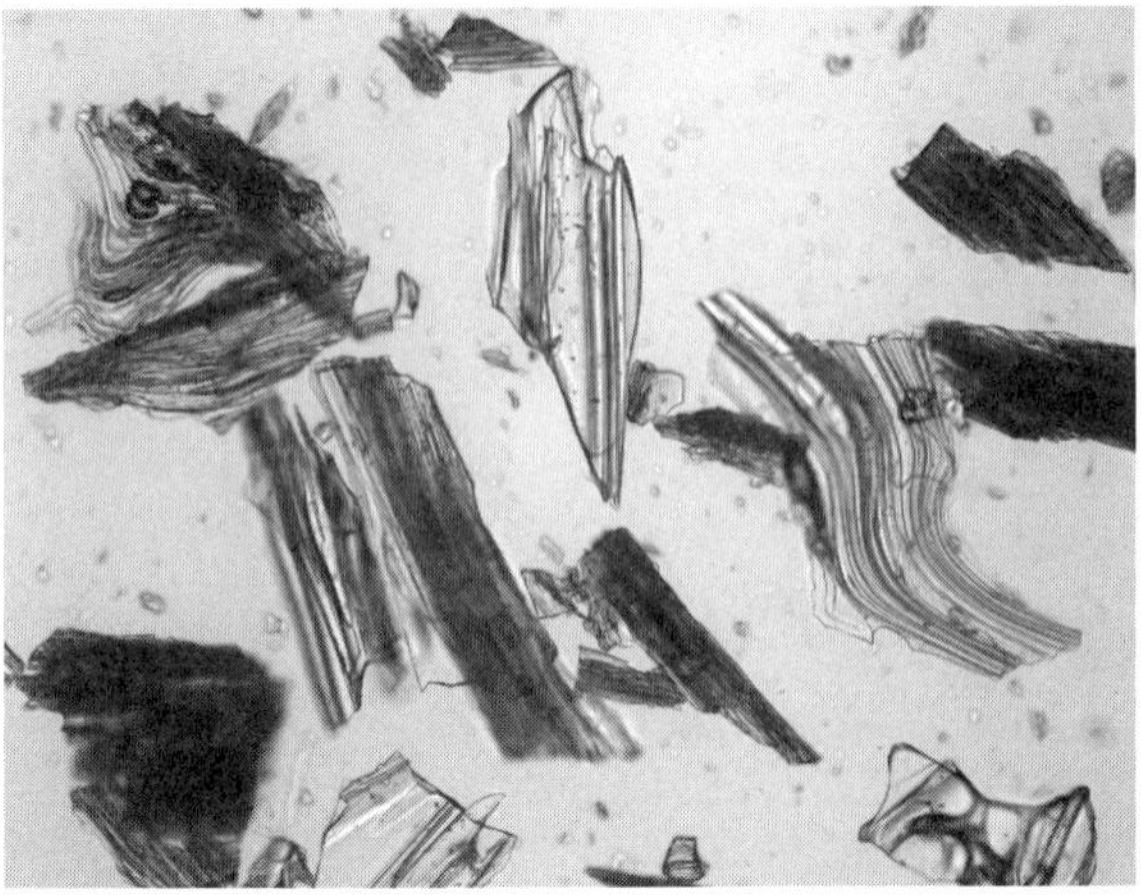

写真附－13　軽石をつぶしてできたガラス片の顕微鏡写真。横幅1mm。

水《すい》ひ作業

次に軽石の粉が入ったビーカーに勢いよく水を入れる。水を入れすぎるとこぼれるので注意する。全体が濁った感じになる。上澄みを捨てる。また水を入れる（図附－1）。

これを繰り返すと、上澄みが透明になり、底に細かい砂のようなものが残る。これが斑晶鉱物であり、最初水を濁らせていたのはガラスの破片である。以上の水洗いの作業を水ひという。

注意深く最後の水をすてて乾燥する。乾燥した鉱物は小さなふた付きのプラスチックケース（写真附－14）などに保管する。シール、つまり密封のできる小さなポリ袋でもよい。サンプル名を忘れずに書いておく。

(1) 粉にした軽石を
ビーカーに入れる
(2) 水を入れる
(3) 上ずみを捨てると
鉱物が残る

図附－1　水ひ作業の流れ。

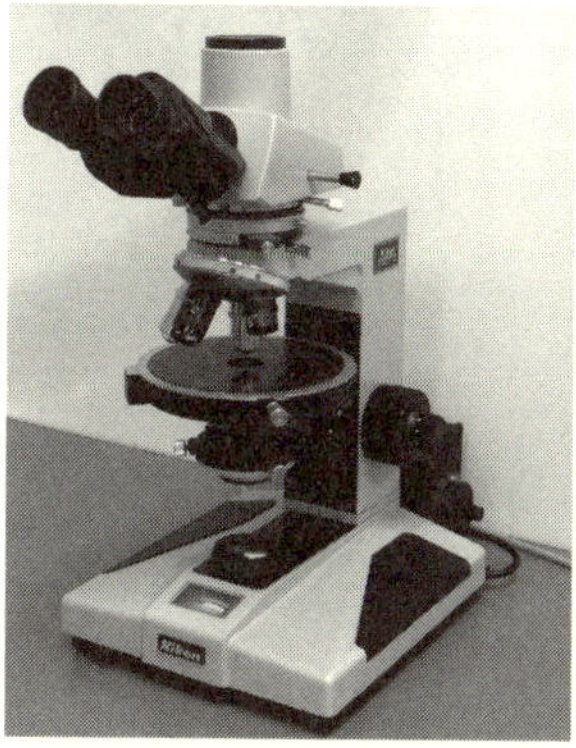

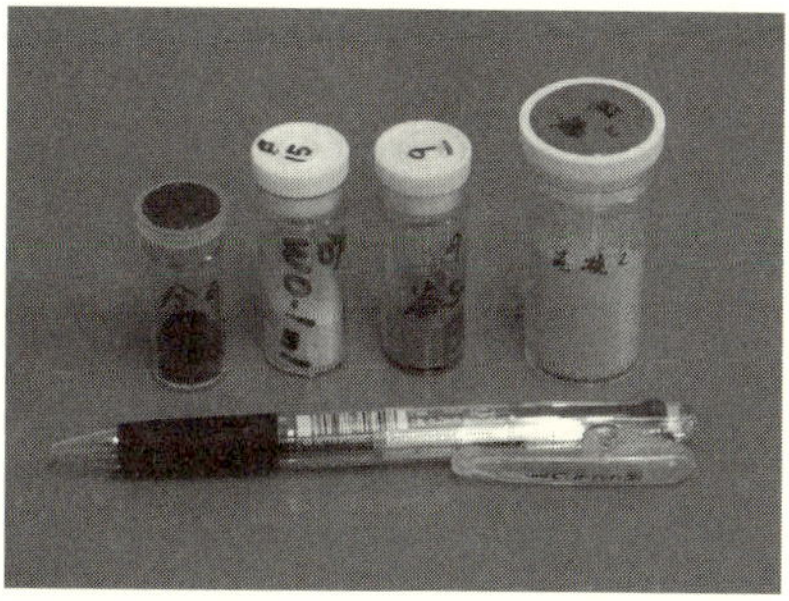

写真附－14（上）　ふた付きの小さなプラスチックケース。写真附－15（左）　偏光顕微鏡。

斑晶鉱物の顕微鏡観察

偏光顕微鏡

顕微鏡は通常のものではなくて偏光顕微鏡（写真附－15）がよいのだが、これが手元にないものとして説明する。あればそれを使う。その前に、偏光顕微鏡と通常の顕微鏡との違いを簡単に説明しておく。

まず、ステージ、つまりプレパラートを載せる台が丸くて回転する。ここに注目すれば離れた所から見ても偏光顕微鏡か否かがすぐわかる。次に、ステージの下に偏光板があり、これを通過した光がプレパラートに入るようになっている。

また、対物レンズと接眼レンズの間に左右に動かせる細長い板がある。これでプレパラートを通過した光を再度偏光板に通すか、通さないかを選べるようになっている。このことで、下の偏光板だけの観察と、上下二枚の偏光板を使った観察とが常時できるようになっている。

プレパラートの作り方

プレパラート用のガラス板の上に液状の接着剤を垂らす。この上に粉末を少量載せる。楊子の先で撹拌した後、十分に固まるのを待つ。撹拌するのは鉱物が重なっているのをばらばらにほぐすためである。一度使った楊子をそのまま別のサンプルで再度使ってはいけない。鉱物が次のサンプルと混ざってしまうからである。

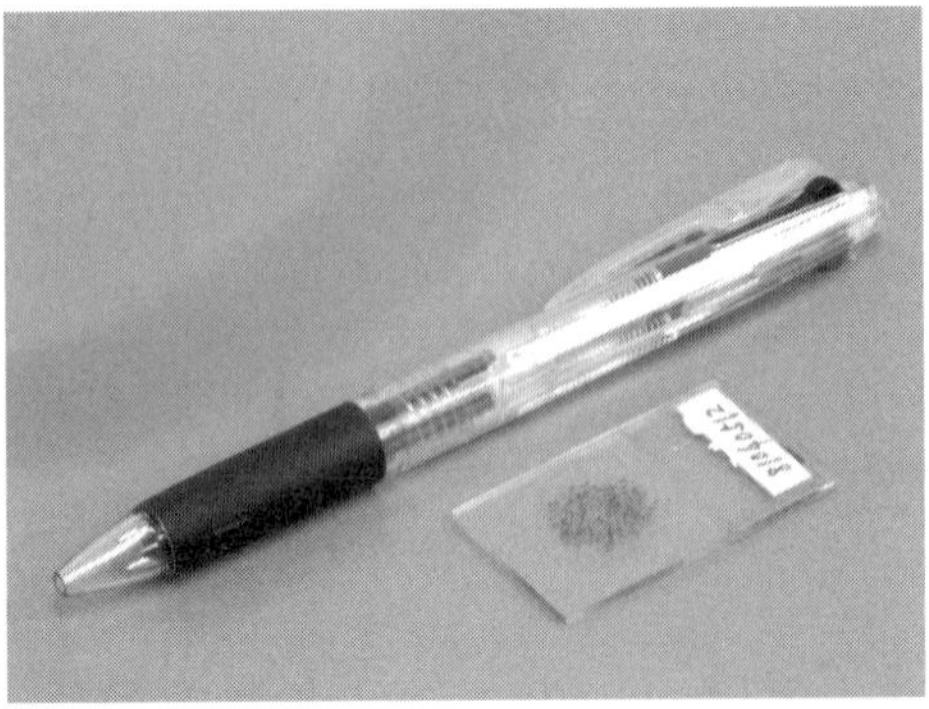
写真附－16　プレパラート。

接着剤はガラスとしっかり接着する丈夫なものがよい。私は二剤混合式のエポキシ樹脂を使っている。

また、固まるまでの間に鉱物がガラスの面に沈む必要があるので、あまりねっとりしたものはよくない。さらに、あまり早く固まるものは作業しづらいので避ける。できあがったプレパラートには端に紙を貼り、サンプル名を書いておく（写真附－16）。

以上のようなプレパラートを作らずに簡単に観察するには、ガラス板に鉱物を載せた後で水を垂らす。逆でもよい。楊子で撹拌してそのまま観察する。この場合はプレパラートが斜めになっていると流れ出すので注意が必要である。そのため、顕微鏡のステージは水平にして観察する。

また、当然のことながら、時間が経つと乾いてしまう。接着剤や水を使うのは、鉱物表面での光の乱反射を防ぐためである。試しに、簡単なので、水なしと、水を付けた場合の両方を比較して見てみることを勧める。

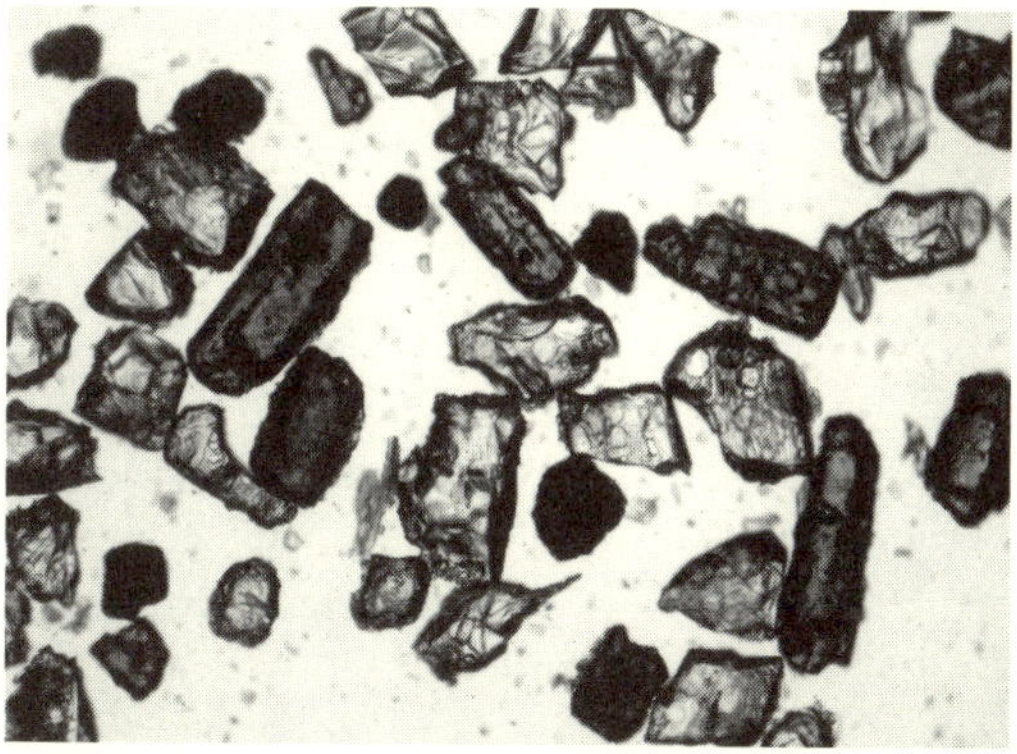

写真附－17　水ひして得られた鉱物。白いのは長石。灰色は輝石。黒い粒は磁鉄鉱。横幅 1mm。

通常の顕微鏡による観察

先ず、鉱物を見るために、顕微鏡の簡単な補強を行う。光源からプレパラートまでのどこかに偏光板を入れる。どこに入れるかはその顕微鏡の構造をみて考える。

ステージに偏光板を置き、その上にプレパラートをのせるのでもよい。まずこの状態で観察を行う。はじめは低倍率で観察する。この場合、明るい視野の中に鉱物が見える（写真附－17）。

無色透明な鉱物は石英か長石である。長石には直線的な外形や線が見える。石英はガラスのような感じで直線的な線はないか少ない。不規則な形のガラスも見える。色のある鉱物は輝石か角閃石である。角閃石は緑ないし褐色の色が付いているが、輝石は薄い黄緑色である。偏光板かプレパラートのいずれかを回転すると、色が変わる鉱物と変わらない鉱物とがある。角閃石は明瞭に変わる。輝石には二種類あって、少し変わるものと、全く変わらないものとがある。このように色が変わる性質を多色性といい、鉱物によって強弱がある。また、真っ黒な鉱物もある。これは磁鉄鉱などの不透明な鉱物である。下からの光を遮断するから影を見ているので黒い。

次に、さらに顕微鏡の補強を行う。プレパラートの上から目までのどこかにもう一枚の偏光板を入れる。接眼レンズの上から偏光板をかぶせる方法がよさそうである。このとき、プレパラートを取り除いた状態で視野が真っ暗になるように偏光板を回転して固定する。この状態でプレパラートをステージ上で回転しながら観察する。この場合は、真っ暗な視野の中で鉱物を観察することになる。

ガラスと不透明鉱物はいくら回転しても常に真っ暗で見えない。石英、長石は明るくなったり暗くなったりする。このとき長石は、一つの結晶の中で直線的に分かれたいくつかの部分で別々に明るくなったり暗くなったりする。このことで石英と区別できる。

角閃石はきれいな色合いになることが多い。輝石はそれほどではない。ただし、石英や長石も同じことであるが、大きい結晶ほどきれいな色になる。これは大きいほど厚いためである。そのため、同じ鉱物であるにもかかわらず、大きさによって色に大きな差が出てしまう。つまり、同じ鉱物でも厚さが異なると違った色に見える。

この問題を解消するには、厚さを揃える必要がある。そのためには、プレパラートに接着剤で固定した鉱物を研磨剤でみがいて薄くする。均一にみがくには慣れが必要で、初めは片側が薄くなってしまうことが多い。うっかりみがきすぎて鉱物が全部なくなってしまう失敗もある。

研磨は二〇~三〇センチメートルほどの厚めのガラス板を使う。この上で研磨粉と水を混ぜ、プレパラートを回転するようにして研磨する。研磨剤は一〇〇~三〇〇メッシュほどの酸化アルミニウムを使う。わきに顕微鏡をおいて、ときどき減り具合を見ながら作業する。

偏光板

偏光板は市販されており、大して高いものではない。大きめのものを買って、適宜ハサミで切って使う。一つだけ大事なことがある。二枚の偏光板を重ねて光にかざしながら一方を止めて他方を回転したとき、どこかで真っ暗になることが必要である。明暗の差ができる程度というものでは観察に適しない。立体映画を見るときに、赤・青ではなく、両眼とも緑がかった灰色のメガネをかけるが、あれが偏光板である。

サングラスにも偏光付きのものがある。これを掛けると水平な面に反射した光を弱めることができる。これは水面やガラスに反射した光が不完全ながら偏光になっているためである。こうしたサングラスか偏光板をかざして回転しながら反射光を見ると、光の強弱が変化する様子を見ることができる。

あとがき

沖縄に転勤してから私が取り組んできた研究テーマはおもに三つあった。その一つがこの軽石だった。軽石研究のきっかけは、転勤間もなく沖縄の海岸で見つけた漂着軽石だった。これを採集・分類・化学分析したのが最初で、これが後の西表海底火山の研究につながっていった。

初めは産地不明の漂着軽石を扱うのには抵抗があった。それは、野外で地質調査をするとき、露頭ではない、したがってそこのものであるという保証がない岩石は採集しない、という地質学の常識があったからである。つまり、漂着軽石は河原の石みたいなもので、どこから来たのかわからない。これでは化学分析をしても、どのような意味があるのかわからない。ということで、それまでなら採集もしないでいたところだった。ところが「とにかく分析してみよう」という気になって、実験を進めたのだった。これが後になって思わぬところで役立った。

沖縄に来てからは、それまで当たり前のようにあった実験設備がなくなって、研究の進め方を自ずと変えることになった。少ない設備のなかで研究を進めるときに役立ったのは、転勤前の大学で行っていた岩石・鉱物の湿式化学分析の経験だった。

今は蛍光X線分析装置にかけるとデータが一日に一〇や二〇はすぐに出てくる。こうした器機分析の時代になり仕事がすっかり楽になった。器械にかける前に人間が担当する部分はわずかで済む。ところが昔流の湿式分析は、初めから終わりまで肉体労働の連続だった。しかも一つの分析結果が出るまでに一週間はかかった。でもその代わり、湿式分析には沢山の種類の実験操作・技術が含まれている。これを習得して沖縄に来たので、そのどれかを応用をすることで限られた設備のなかでも研究を進めることができた。仙台での旧式の分析経験が研究を支えたといえる。

同時に、今までのようには気楽に実験データを出せなくなった。そのため、いかにしたら少ない実験データからおもしろい結果を導き出せるか、ということに大いに頭を使うようになった。このことは残りの二つのテーマについても同様だった。

どの研究をするときも、自然の中からクイズの問題を探って作り、これを解いて楽しむことの繰り返しだった。難しすぎる問題を作ってしまい、苦労した末についには解けずじまいになった問題も少なくない。

＊

原稿を書き始めて二つの問題にぶつかった。その一つは文献資料だった。退職したときに、研究室にある本を全て家に運ぶことはスペースからみて明らかに不可能だった。資料にはこれからはもう使わないだろうというものが随分あったが、今後も必要になりそうだと思えるものもあった。必要と思ったものはなるべく自宅に運んだ。しかし、それさえもスペースの関係で全部は運べなかった。大学図書館に置いたほうがよさそうなものは寄付した。

一方、必要なさそうだと思った本は周囲の希望者に配り、本によっては廃棄した。ただ、短時間のうちに処理の判断をしたために判断ミスをしたものもあった。何をどう処理したのかは、メモもなく記憶だけになってしまった。その記憶がはなはだ怪しく、自宅に運んだつもりの本が見つからないこともあった。家に運んだ資料は本だけではなく、ファイルに入れた、自分が作り描いた図面や表が大量にあった。引越のままこれが未整理状態にあったため、探し始めてもなかなか見つからない。他人の家に空き巣に入ったらこんな感じなのだろうというようなありさまだった。そのため、執筆を進めていく中で、一日が資料探しで終わってしまうこともあって、すっかり計算が狂ってしまった。

もう一つの問題は腰を痛めてしまったことである。私は以前から背骨に問題があり、座る姿勢に注意をしていた。でも、立つ、歩く、寝るは問題がない。とはいっても体力を無視して動き過ぎてはいけなかった。毎週の授業の合間を見つけて、あるときは調査、あるときは遊びで、毎月一～二回、外国を含めてあちこちに旅行したのはやりすぎだった。知らないうちに疲労が貯まっていて、ある朝起きたら腰にきていた。そのことはパソコンに向かって原稿を書くのに良いわけはなかった。無理をすると次の日に響いて結局損をするので、ゆっくりペースになってしまい、このことでも予定が大幅に遅れてしまった。

いろいろあったが、振り返れば楽しい一年弱だった。自分がしてきた研究の紹介を兼ねながらこうした形で本にまとめることができてよかった。

出版に当たり、以下の方々にお礼申し上げたい。黒潮をはじめ海のことなどを丁寧に教えてくれた琉球大学の小賀百樹さん、明神礁関連の情報と写真を提供された小坂丈予さん、貝の鑑定をされた山口正士さん、炭素14年代を測定された東京大学の米田穣さん、写真を提供された琉球大学の土肥直美さん、鹿児島大学の小林哲夫さん、野原秀俊さん、国立科学博物館の小郷智子さん、文献についての情報を頂いた琉球大学の新城竜一さんと松本剛さん、顕微鏡写真撮影に協力してくれた知念正昭さん、そして、当初から文献探しをはじめ細かい作業をしてくれた琉球大学学生の相原彩さん。また、八坂書房の畠山泰英さんには多方面にわたりお世話になった。

この本は、私の研究教育活動をほぼ全期間にわたって裏から支えてくれた亡き妻礼子に一番見てほしかった。それがならず残念である。

二〇〇九年　うりずんの季節に　　沖縄にて　　加藤祐三

9章
(1) 町田 洋・新井房夫 2003：新編火山灰アトラス －日本列島とその周辺．東京大学出版会，336p.
(2) 町田 洋 1977：火山灰は語る －火山と平野の自然史－．蒼樹書房，324p.
(3) Matumoto, T. 1943：The four gigantic caldera volcanoes of Kyusyu. *Japan. Jour. Geol. Geogr*, 19, pp.1-57.
(4) 国立天文台 2009：理科年表．丸善．
(5) 吉田武義・藤原秀一・石井輝秋・青木謙一郎 1987：伊豆・小笠原弧、福徳岡ノ場海底火山の地球化学的研究．核理研報告，20, pp.202-215.

10章
(1) Kato, Y. 1987：Woody pumice generated with submarine eruption. *Jour. Geol. Soc. Japan*, 93, 1, pp.11-20.
(2) 上田誠也・木村政昭・田中武男・兼岡一郎・加藤祐三・久城育夫 1985：沖縄トラフ拡大軸の研究．海洋科学技術センター試験研究報告特別号，pp.123-142.
(3) 加藤祐三 1989：材木状軽石 －海底噴火の指示者．鹿児島火山会議1988論文集，pp.133-136.
(4) Kato, Y. 1989：Woody pumice - an indicator of submarine eruption. Kagoshima International Conference on Volcanoes 1988, Proceedings, pp.143-146.
(5) 益田晴恵・石橋純一郎・加藤祐三・蒲生俊敬・酒井 均 1987："しんかい2000" の第231次潜水調査により沖縄トラフで得られた熱水堆積物の化学的性質．海洋科学技術センター試験研究報告，225-231.
(6) 田中武男・満澤巨彦・松本 剛・長沼 毅・堀田 宏ほか 1989：沖縄トラフ、伊平屋海嶺・伊是名海穴の熱水域微地形．第6回「しんかい2000」研究シンポ予稿集，pp.24-26.
(7) 木村政昭・大森 保・伊沢英二・加藤祐三・田中武男ほか 1991：「しんかい2000」による伊平屋海凹の第284・286・287・366潜航と伊是名海穴第364潜航の成果．海洋科学技術センター試験研究報告，pp.147-161.

(5) 関 和男　1930：駒ヶ岳噴出の軽石の漂流について．海洋時報，2, pp.105-112.
(6) 古川竜太・七山 太　2006：北海道東部太平洋沿岸域における完新世の降下火砕堆積物．火山，51, pp.351-371.

7 章

(1) 吉田武義・藤原秀一・石井輝秋・青木謙一郎　1987：伊豆・小笠原弧、福徳岡ノ場海底火山の地球化学的研究．核理研報告，20, pp.202-215.
(2) 加藤祐三　1988：福徳岡ノ場から琉球列島に漂着した灰色軽石．火山，33, pp.21-30.
(3) Kato, Y. 1987：Woody pumice generated with submarine eruption. *Jour. Geol.Soc. Japan*, 93, 1, pp.11-20.
(4) 小坂丈予　1991：日本近海における海底火山の噴火．東海大学出版会，279p.
(5) 土出昌一・桜井 操・佐藤寛・小坂丈予　1986：福徳岡ノ場 1986 の火山活動について：その 1 地形変化（要旨）．火山，31, pp.133-134.
(6) 石井春雄・道田 豊　1985：黒潮の開発利用の調査研究成果報告書（その 8）．海上保安庁．
(7) 海上保安庁水路部　1987：Westpack atlas.
(8) 増沢譲太郎　1960：黒潮、黒潮反流（和達清夫著『海洋の事典』東京堂出版）．
(9) 黒田一紀　1987：1987 年 1 ～ 2 月日本南岸沖の黒潮域における小形の火山性軽石の出現．水産海洋研究会報，51, pp.296-297.

8 章

(1) 沖縄気象台　1996：西表島付近の群発地震調査報告（1991 年～ 1994 年）．沖縄地方の地震活動別冊，119p.
(2) 加藤祐三　1991：1924 年西表海底火山噴火．月刊地球，13, pp.644-649.
(3) 加藤祐三　1993：1991, 1992 年西表島漂着軽石の起源．月刊地球，15, pp.244-247.
(4) 中野 俊・川辺禎久　1992：1991 年、琉球列島西表島に漂着した軽石．火山，37, pp.95-98.
(5) 多田 堯　1993：地殻変動からみた西表島群発地震活動．月刊地球，15, pp.207-211.
(6) 中村一明　1971：松代地震から学んだこと．科学朝日，1971 年 10 月号，pp.127-133.
(7) 国立天文台　2009：理科年表．丸善．
(8) 長野市観光課 パンフレット「太平洋戦争の遺跡 松代象山地下壕」．

(3) 平林順一・大場 武・野上健治　1996：1991-1992年霧島新燃岳の活動と火山ガス組成．火山，41, pp.263-267.
(4) 江原幸雄・湯原浩三・野田徹郎　1981：九重硫黄山からの放熱量・噴出水量・火山ガス放出量とそれから推定される熱水系と火山ガスの起源．火山，1, pp.35-56.
(5) 草津白根火山見学資料　1983：火山学会1983年秋季大会．
(6) 気象庁　1986：地震火山概況．267, 10.
(7) 日下部 実・大隅多加志　1987：ニオス湖周辺の地質と岩石．岡山大学地球内部研究センター シンポジウム カメルーンガス災害講演論文集，pp.68-98.
(8) 荒牧重雄　1987：ニオス湖周辺の地質と岩石．岡山大学地球内部研究センター シンポジウム カメルーンガス災害講演論文集，pp.23-34.
(9) 平林順一・日下部実　1987：1986年8月のカメルーン ガス突出災害直後の地球化学的調査報告．岡山大学地球内部研究センター シンポジウム カメルーン ガス災害講演論文集，pp.23-34.
(10) 日下部実・荒牧茂雄・金成誠一・大隅多加志　1987：カメルーン・ニオス湖ガス突出災害．火山，32, p.347.
(11) 佐野有司・佐々木 晶・長尾敬介　1992：カメルーン西北部の温泉ガスの希ガス同位体と化学組成．火山，37, pp.85-93.

5章
(1) 小坂丈予　1991：日本近海における海底火山の噴火．東海大学出版会，279p.
(2) 加藤祐三　1983：琉球列島での第四紀火山活動 −特に中・南琉球について−．地質学論集，22, pp.93-94.
(3) 中川光弘　2004：有珠火山，pp.92-113（高橋正樹・小林哲夫編著『北海道の火山』築地書館）．

6章
(1) 宝田晋次・吉本充宏　2004：北海道駒ヶ岳火山，pp.116-144.（高橋正樹・小林哲夫編著『北海道の火山』築地書館）
(2) 吉本充宏・宇井忠英　1998：北海道駒ヶ岳火山1640年の山体崩壊．火山，43, pp.137-148.
(3) 都司嘉宣・日野貴之　1993：寛政四年（1792）島原半島眉山の崩壊に伴う有明海津波の熊本県側における被害、および沿岸遡上高．東京大学地震研究所彙報，68, pp.91-176.
(4) Katsui, Y., Yamagishi,H., Soya,T., Watanabe,Y., Nakagawa,M. 1992：Cenozoic volcanism in southwestern Hokkaido. 29th IGC Field trip guide book, Vol.4, pp.1-28, Geol. Surv. Japan.

引用文献

2 章

(1) 関 和男　1927：軽石の漂流について．海洋気象台彙報，10, pp.1-42.

(2) 加藤祐三　1982a：琉球列島西表海底火山の位置と噴出物量．琉球列島の地質学研究，6, pp.41-47.

(3) 小坂丈予　2003：明神礁噴火 50 年 －第五海洋丸の思い出－．水路新技術講演集，16, pp.1-17.

(4) 森本良平　1958：日本の火山．創元社，220p.

(5) 国立天文台　2009：理科年表．丸善．

(6) 小坂丈予　1991：日本近海における海底火山の噴火．東海大学出版会，279p.

(7) 三木 健　1984：西表炭坑概史．ひるぎ社，208p.

(8) 加藤祐三　1987：八重山地震津波（1771）の遡上高．地震，40, pp.77-381.

(9) Kato, Y. 1987：Woody pumice generated with submarine eruption. *Jour. Geol. Soc. Japan*, 93, 1, pp.11-20.

(10) 牧野 清　1981：改訂増補八重山の明和大津波．自家発行，462p.

(11) 加藤祐三　1982b：琉球列島西表海底火山に関する資料．琉球列島の地質学研究，6, pp.49-58.

(12) 安井真也・高橋正樹・石原和弘・味喜大介　2007b：桜島火山大正噴火の噴火様式とその時間変化．火山，52, pp.161-186.

(13) 武田雅人　1982：琉球列島における第四紀軽石分布．琉大理海洋卒論．

(14) 赤嶺克也　1993：西表海底火山（1924）の軽石とこれに含まれる暗色包有物．琉大理海洋卒論．

(15) 力武常次　2002：なぜ磁石は北をさす．日本専門図書出版，230p.

(16) 山本 聡・矢田殖郎・木村政昭・加藤祐三　1984：1979 年－1983 年（5 年間）、東シナ海での乗船実習により採取された海底サンプル．琉大理紀要，38, pp.117-130.

(17) 中村 衛・藤田和彦・加藤祐三・高木保昌・西田英明・森井康宏・平識善史　2003：南西諸島南部海域における地球科学的調査 －長崎丸 RN03 航海報告－．琉大理紀要，76, pp.195-209.

4 章

(1) 平林順一・吉田 稔・小坂丈予・小沢竹二郎　1988：伊豆大島火山の 1986 年噴火活動に伴う火山ガスの組成変化．火山，33, 伊豆大島噴火特集号，pp.S271-S284.

(2) Hirabayashi, Jun-ichi, Yoshida, M., Ossaka, J. 1990：Chemistry of volcanic gases from 62-1 crater of Mt. Tokachi, Hokkaido, Japan. 火山，35, pp.205-215.

索　引

著者

加藤祐三（かとう ゆうぞう）

1939年、東京生まれ。琉球大学名誉教授。沖縄大学客員教授。理学博士。1968年、東北大学大学院理学研究科博士課程修了。同大学理学部助手、琉球大学助教授を経て1990年に同大学教授。1996年から同大学理学部長を兼務（～2000年）。専攻は岩石学、防災地質学。著書に『沖縄の自然を知る』『ニライ・カナイの島じま －沖縄の自然はいま』（共に池原貞雄博士との共編著、築地書館）、『奄美・沖縄 岩石鉱物図鑑』（新星図書出版）ほか

軽石 海底火山からのメッセージ

2009年 4月25日 初版第1刷発行
2021年11月25日 初版第2刷発行

著　　者　加 藤 祐 三
発 行 者　八 坂 立 人
印刷・製本　シナノ書籍印刷（株）

発 行 所　（株）八 坂 書 房

〒101-0064 東京都千代田区神田猿楽町 1-4-11
TEL.03-3293-7975 FAX.03-3293-7977
URL: http://www.yasakashobo.co.jp

ISBN 978-4-89694-930-8